了凡四训···译解

明·袁了凡 原著

李新异 编著

南方传媒 广东人民出版社

·广州·

图书在版编目（CIP）数据

　　了凡四训：译解/李新异编著. —广州：广东人民出版社，2023.1
　　ISBN 978 - 7 - 218 - 16303 - 1

　　Ⅰ. ①了… 　Ⅱ. ①李… 　Ⅲ. ①家庭道德—中国—明代 　②《了凡
四训》—译文 　③《了凡四训》—注释 　Ⅳ. ①B823. 1

　　中国版本图书馆 CIP 数据核字（2022）第 241203 号

LIAOFANSIXUN：YIJIE

了凡四训：译解

李新异 　编著

出 版 人：肖风华

策划编辑：赵世平工作室
责任编辑：赵瑞艳
责任技编：吴彦斌

出版发行：广东人民出版社
地　　址：广州市越秀区大沙头四马路 10 号（邮政编码：510199）
电　　话：（020）85716809（总编室）
传　　真：（020）83289585
网　　址：http：//www. gdpph. com
印　　刷：佛山市迎高彩印有限公司
开　　本：787mm×1092mm　1/16
印　　张：12. 75　字　　数：140 千
版　　次：2023 年 1 月第 1 版
印　　次：2023 年 1 月第 1 次印刷
定　　价：49. 00 元

如发现印装质量问题，影响阅读，请与出版社（020 - 85716849）联系调换。
售书热线：（020）85716826

前　言

　　《了凡四训》是明朝的袁了凡先生写给儿子的四封家书，主旨是告诉人们，命运不但是可以改变的，并且可以完全掌握在自己手上。但怎样掌握好自己的命运，怎样改变自己的命运，中国传统文化认为这一切与人的道德有着极其密切的关系。而人的道德里面包含了谦虚、善良、真诚、尊重他人、天下为公、仁义礼智信等。

　　清末曾国藩先生推荐给家人看的第一本书就是《了凡四训》，我们今天把《了凡四训》重新整理，也是看到《了凡四训》于个人、家庭、社会都是有益的，特别是在建设和谐社会的大背景下，更有必要重新整理、出版此书。

　　组成社会的基本单位是人。因此，和谐社会的根本，就是人内心的和谐中正，从而形成社会的真正和谐。如果个体生命内心达不到和谐的标准，那社会和谐的目标就只是一个口号，而不能成为人内在的动力。而知道了改变命运的方法与原理的人，必然会从内心要求自己去做一个符合和谐社会标准的人，也会非常乐意为了社会的和谐而改变自己。从社会学的角度来说，人只要能建立内在的自律，就会给个人和社会带来很大的效益。

文化是人类文明的根，中华民族的传统文化也是我们民族的根。失去了这个根，折断了这个根，道德的体系就会出现问题。科学技术和工业的快速发展以及生活方式的巨变不断地冲击着人类所有民族古老的伦理道德体系，少部分精英人士在经历了现代化建设给社会带来的种种巨变之后，道德规范在他们的内心依然屹立不倒。今天也有许多人同样由于这些巨变而怀疑、忽视道德的价值，人心变得非常浮躁，像漂荡的浮萍。追名逐利的思想像传染病一样，危害着社会的各行各业，使人成了"适者生存"理论的受害者。如此浮躁的人心，是与构建和谐社会的大方向相违背的。

因此，我们有必要在现代的科技社会中，再次在人心、工作、生活与传统的文化美德之间架设起新的桥梁，使得社会更加和谐，使得心灵真正臻于美好，《了凡四训》恰恰能起到推动作用。所以，我们选择重新改编这部中华优秀传统文化中的经典，时至今日，本书的中心思想依然在对我们个人、家庭以及社会产生着积极的影响。但是我们也要看到本书内容由于时代局限性，尚存在宿命论等文化糟粕。我们在学习的时候应该辩证看待，去芜存菁。最后，我衷心期待本书能够对读者有益，对社会有益，对国家有益，对世界有益。

李新昇

2022 年 8 月 30 日

2010年版
前　言

　　中国传统文化的核心，可以用四个字来描述，就是"尽性立命"。

　　"命"是什么？对现代中国人来说，可能是个很无聊的话题，因为按照进化论的思想，命就是生命本身，活着只是一种存在。而命运也许有，但与我们并无多大关系，人是靠奋斗与竞争而存在于这个社会的。这几乎是现代人最普遍的思想。

　　但是对中国古人来说，"'命'是什么?"这个命题，可是人生的头等大事。因为这牵扯到"我是谁、人为什么活着、人应该怎么活"等一系列尖锐的问题。

　　从生命存在开始，人类就面临生与死的问题，对我们来说，生代表着希望，而死代表着恐惧，这是对生命本身的简单描述。

　　正因为有生与死的现象，人类各民族都在进行命运的探索，也就是生命的过程该如何去完成。围绕这个话题，人们发现在这个过程中存在既定的命运模式，如富贵与贫穷、长寿与短命等现象，每一种现象给人的体会都不一样。于是人们又开始探索，这些命运的现象能够改变吗？

中国古人在认真研究人的命运的过程中，借助《易经》与阴阳五行的运行原理，开发出很多完整的命运探索"程序"，不但可以清楚描述一个人的命运过程，而且还研究出了演算朝代兴衰与宇宙天体运行运程的"程序"。他们发现生命的过程几乎是被严格规定的，这就是宿命论的来源。西方其实也有类似的对命运的研究，如星座、塔罗牌等。随着科学研究的不断深入，这些玄而又玄的东西，大家一般只是当作娱乐，正如古人"玩占"的行为一样。但是从心理学方面来看，这些内容也可以当作是性格模型以及分析人际关系的一种方式，或多或少会对生命产生一定的影响。

在自认为掌握命运存在规律的技术后，中国古人继续开展了进一步的探索：这个宿命是否能够被打破？怎么样去打破？人类在天地之间，这个短暂的命运与宇宙天体到底有没有什么关系？

于是，关于"我是谁、人为什么活着、人应该怎么活"的探索又开始了新的超越。中国古人研究发现，人的生命本质与宇宙天体是完全合一的，人可以超越宿命的本身，达到与宇宙天体合而为一的状态，在这种状态里，"生命"可以与宇宙一样长存，"生命"其实无生也无死。

这对被局限于生与死之间，希望与恐惧同在的古人来说，无疑是巨大的欢乐。对死研究的结果，使古人开始建立整套的立命之说，于是儒、释、道学说以及各种"修炼方法"在中华大地展开。

《六祖坛经》中有云："菩提自性，本来清净；但用此心，直了成佛。"① 强调"明心见性"。而《性命圭旨》中讲道："程子

---

① 赖永海. 坛经（佛教十三经）[M]. 尚荣, 译注. 北京：中华书局, 2018.

曰:'在天为命,在人为性。'故却性然后能尽性,尽性然后能了命。性命不二,谓之双修。"① 强调"性命双修"。以及孟子讲"尽其心者,知其性也。知其性,则知天矣。存其心,养其性,所以事天也。夭寿不贰,修身以俟之,所以立命也。"② 强调"尽性立命"。各家诸子都有自己对"性"与"命"的诠释,那么这个"性"跟"命"到底是什么关系呢?

围绕"性"的研究,以及"性"与"命"的关系的研究曾在各家各派中展开。这个"性"当然不是指现代人所描述的男女之性别或性生活,而是如《三字经》中"人之初、性本善"中的"性"。这里的"性本善",还只是描述了人的本性的某方面的体现,而儒、释、道所共同追寻的那个"性",是指生命本源的本质特征。

各种"性""命"之说,均从不同的角度诠释了生命的本质。自古以来,佛家具体以修善为基础,达到生命的彻底解脱;道家以修真为基础,达到跳出三界外,不在五行中的境界;而儒家以入世、修身立命为基础,达到"修身""齐家""治国""平天下"的人生境界。这些都是"尽性",追寻生命的本源,也是古人的智慧。

中国古人开展的人体生命研究,包括从探索人的生与死,到探索命运的过程,到超越宿命而追溯生命的本质,到证悟人与宇宙本是一体……这些思想成果皆是各家各派诸子从自身自性出发,承先哲之学问,尽毕生之心血,不懈实践求索得来的。而支持他

---

① (明) 尹真人高弟. 性命圭旨[M]. 北京:中央编译出版社,2013.
② (宋) 朱熹. 四书章句集注[M]. 北京:中华书局,2011.

们实践与求索的原动力，是想要为全人类的终极问题找到答案的不朽精神。

这本身就是"尽性立命"！

李新异

2010 年 7 月 6 日

目　录

第一篇　立命之学

第二篇　改过之法

第三篇　积善之方

第四篇　谦德之效

结　语

第一篇

立命之学

❧ 何不读书 ❧

原文

　　余童年丧父，老母命弃举业学医，谓可以养生，可以济人，且习一艺以成名，尔父夙心也。后余在慈云寺，遇一老者，修髯伟貌，飘飘若仙，余敬礼之。语余曰："子仕路中人也，明年即进学，何不读书？"

　　余告以故，并叩老者姓氏里居。

　　曰："吾姓孔，云南人也。得邵子皇极数正传，数该传汝。"

　　我童年的时候父亲就去世了，母亲要我放弃考取功名的想法，改学医术，她说："学医可以赚钱养活自己，也可以救济别人。把一门手艺学好并且扬名立万，也是你父亲的夙愿。"

　　后来我在慈云寺碰到了一位老人，相貌魁梧，长须飘逸，看起来仙风道骨。我就很恭敬地向他行礼问安。这位老人对我说："你是官场中人，明年去参加考试，就可以考取秀才，为何不读书呢？"

　　我就把母亲叫我放弃考科举而学医的原因告诉他，并且请问老人的姓名，是哪里人，家住何处。

老人回答我说：“我姓孔，是云南人，我得到宋朝邵康节先生所精通的《皇极数正传》的真传。照注定的命数来讲，我应该把《皇极数正传》传给你。”

邵康节是宋朝最著名的易学应用大师邵雍的字号，其生于公元1011年，卒于公元1077年，跟宋朝宰相王安石是同时代的杰出人物。邵康节一生著述甚丰，主要著作有《皇极经世》《梅花易数》等。其在易学应用中主张"以一心观万心，一身观万身，一物观万物，一世观万世。"[①] 他发展的预测方法以声音、方位、时间、动静、地理、天时、人事、动植物等自然界或者人类社会中一切可以感知的事物的不同表象，作为天人合一信息传输的媒介，从而观察出天、地、人之间事物发展的必然联系。其著述的《皇极数正传》，在《四库全书》里有完整记载，据说能推算出个人、国家、世界的运程。

原文

余引之归，告母。

母曰："善待之。"

试其数，纤悉皆验。余遂起读书之念，谋之表兄沈称，言：

---

① （宋）邵雍. 皇极经世［M］. 北京：九州出版社，2012.

"郁海谷先生，在沈友夫家开馆，我送汝寄学甚便。"

余遂礼郁为师。

因此，我就领了这位孔先生到我家，并将他所说的情形告诉了母亲。

母亲要我好好招待他。

孔先生既然这么精通命数的道理，我们就试着请他替我推算一下，看他所说的究竟准不准确。

结果，孔先生所推算的，就算是很小的事情，都非常准确，我跟母亲非常惊讶！

既然孔先生推算我明年就可以考取功名，我就又动了读书的念头。就找我的表哥沈称商量，表哥说："我的好朋友郁海谷先生在沈友夫家里开学馆，收学生读书。我可以送你去他那里寄宿读书，非常方便。"

于是我便拜了郁海谷先生为师。

❧ 准确的预测 ❧

原文

　　孔为余起数：县考童生，当十四名；府考七十一名，提学考第九名。明年赴考，三处名数皆合。复为卜终身休咎，言：某年考第几名，某年当补廪，某年当贡，贡后某年，当选四川一大尹，在任三年半，即宜告归。五十三岁八月十四日丑时，当终于正寝，惜无子。余备录而谨记之。

　　孔先生替我起皇极数，推算我命里的运程。

　　他说："你明年去考秀才，县考应该考第十四名，府考应该考第七十一名，提学考第九名。"

　　到了第二年，三次考试，我考的名次都和孔先生所推算的完全相符。

　　于是我又请孔先生替我推算终身的吉凶祸福。

　　他说："某一年考取第几名，某一年应当补廪生（廪生：秀才中的一个级别），某一年应当做贡生（贡生：秀才中最高的级别），等到贡生出贡后，在某一年，应当选为四川省的一个县长，在任三年半后，便该辞职回家乡。到了五十三岁那年八月十四日的丑时，就应该寿终正寝，可惜你命中无子。"

这些话我都一一地记录下来，并牢记在心。

原　文

自此以后，凡遇考校，其名数先后，皆不出孔公所悬定者。独算余食廪米九十一石五斗当出贡；及食米七十余石，屠宗师即批准补贡，余窃疑之。后果为署印杨公所驳，直至丁卯年，殷秋溟宗师见余场中备卷，叹曰："五策，即五篇奏议也，岂可使博洽淹贯之儒，老于窗下乎！"遂依县申文准贡，连前食米计之，实九十一石五斗也。余因此益信进退有命，迟速有时，澹然无求矣。

从此以后，凡是碰到科举考试，所考名次先后，都与孔先生所预测的结果完全一致。唯独算我做廪生时，要领到九十一石五斗的时候才能出贡。哪里知道我吃到七十余石米的时候，学台屠宗师（学台：相当于现在的教育厅厅长）就批准我补了贡生。我私下就怀疑孔先生所推算的有些不灵了。

后来出贡之事果然被另外一位代理的学台杨宗师驳回。直到丁卯年（公元1927年），殷秋溟宗师看见我在考场中的"试卷备份"，替我可惜，并且感叹道："这个考生写的这五篇策论文，竟写得如同呈给皇帝的奏折一样有条不紊。像这样有大学问的读书人，我们怎么可以让他埋没到老呢？"

于是，他就吩咐县官到他那里替我办理申请手续，补了我的贡生。加上之前所吃的七十余石米，补足后恰好总计是九十一石五斗。

经过一番反复波折，最后还是符合了孔先生的预测。我就更相信一个人在功名上的成功与失败，都是命中注定的。而走运的迟或早，都是定数。正因如此，我也就把一切功名利禄都看淡了，不去过分追求。

传统文化中，算命等术数方法的应用，实际上给人讲了一个宿命的问题。知其性，立其命，孔子说"不知命无以为君子"，这个"命"跟宿命论的"命"还是有区别的。宿命论主要讲定数，人被命运所拘。而孔子讲"五十而知天命"①，这里既讲了宿命论的"命"，更道出天道使命的安排不可违背，"知天命"也是讲性命。

五行金、木、水、火、土各有不同的特性，因为其性不同，所以其命运状态也不同，其改变命运的方式与状态也不同。按照五行命理来讲，人大致可以分为强、弱、均衡三种，每种又分为强、弱、均衡三种，一共是九种状态。可以说不知其五行强弱之性，就不知其命，由此可知，人与人之间立命的状态其实存在着很大的差异。

中国传统术数告诉人们：人出生后受到出生的年、月、日、时这四个时间转盘中五行相生相克运行的影响，在一定的时间与空间环境中将会出现一些预定的事情，人的一生就像拍好的电影一样在播放。

---

① 冯映云.《中华文化经典读本》之九《论语》[M]. 广州：暨南大学出版社，2013.

要改变人一生的命运只有两种方法：一是行善积德，注重道德修养；另外一种是不断行恶，这种行恶包括了行为与思想两个方面，最终会导致人的一生朝坏的方向急剧发展。《了凡四训》在后面不断强调了这个观点。

其实这种宿命论对于社会而言，造成的负面影响也很大，很容易使人的思想变得消极，助长人的私心，使人不愿意为社会、为大众贡献自己的力量，也很容易让人为自己不负责任的行为找到借口。宿命论的基点并不好，局限性很大，因而儒、释、道三家思想，其实都是主张冲破宿命论观点的。

本篇所讲述的如何"立命"，其实就是从宿命到如何改变命运的观念转化。中华民族文化的精神，就是告诉人们怎样知性、立命，由修身、齐家到如何改变命运，到止于至善的觉行圆满。所以《了凡四训》通篇讲了很多佛家思想，但仔细品读，就会明白贯穿全书始终的其实是中华民族优良传统文化的精神，来源于《大学》《中庸》《论语》《孟子》《易经》《孝经》《道德经》等。

当一个人对于自身能力与客观事实的认知不充分，在各种指引下发展过后，往往容易把"命运"当作是必然的，感叹"这就是命"。而当他开始觉悟与清醒的时候，在心理层面上，潜意识的引导也在发生改变，他个人的所谓的定数也开始被打破，他的生命轨迹也就变得不同了，从而改变了他的命运。

世间小道多有给人算卦、算命、看风水、画符、念咒等术数。其实这些东西本身并非源出于小道，但为什么说它是小道呢？就是因为很多人只是利用这些术数行骗取钱财之实，达到其为私、为己的目的，非但没有让人明其背后的真源大义，也没有达到引人向善和改变命运的目的，对未来的解读反而让人陷入了或悲观或狂喜或偏执的状态当中，对自身和社会产生了负面的影响，所以说它是小道。

而这些术数从根源上讲，其实也是出自以《易经》为首的中华优秀传统经典，易学有象、数、义、理四德之分，其中核心的指导思想便是"天人合一"，而术数的手段也是为了探究人与世间万物和天道自然的联系而存在的，这才是行大道。

我待汝是豪杰，原来只是凡夫

原 文

贡入燕都，留京一年，终日静坐，不阅文字。己巳归，游南雍，未入监，先访云谷会禅师于栖霞山中，对坐一室，凡三昼夜不暝目。

我由于当选了"贡生"而得以进入京城，并在京城住了一年。一天到晚，独自静坐不动，也不去过多地阅读与思考，保持内心的清净。

到了己巳年（公元 1569 年），在去南京的国家大学以前，我先到栖霞山去拜见云谷禅师，他是一位得道的高僧。

我同禅师一起坐在一间禅房里，不眠不寐地坐了三天三夜。

"燕都"指京城，"南雍"指南京。"监"是指当时的国家大学太子监。"云谷"是大师的号，他的法名叫作"法会"，所以当地人称他"会禅师"，这是对他的尊称。云谷禅师是当时佛门的一代高僧。

原 文

云谷问曰："凡人所以不得作圣者，只为妄念相缠耳。汝坐三日，不见起一妄念，何也？"

云谷禅师就问我："一个凡人之所以不能够成为圣人，是因为妄念、妄想太多，心中不断地想来想去，定不下来。而你能与我一起静坐三天，我却不曾看见你起一个妄念，这是什么缘故呢？"

其实，袁了凡具有极高的悟性，因为知道了宿命中一切都有安排，平时就注意不胡思乱想，保持内心的清净。因此才能做到在静坐中不动一念，这般定力于修行悟道而言是极好的天资。宿命论积极一面的体现就是使人不起妄念，不作非分之想，不胡思乱想。《大学》里讲："知止而后有定。"[①]因为能够知晓怎么停止自己的妄念，所以人马上就能够定下来，这也是一个规律。

不动一点妄念，不但一个普通人难以做到，即便是一个修行很多年的人要做到都非常难。"唐僧"的原型——玄奘法师所译的《成唯识论》中提出"转八识以成四智"，又讲道："诸烦恼生，必由痴故。"[②]说明人就是要完全察觉到自己

---

① 冯映云. 中华文化经典读本之七《大学》[M]. 广州：暨南大学出版社，2013.
② （唐）玄奘译. 成唯识论校释——中国佛教典籍选刊[M]. 北京：中华书局，1998.

的思想、习气与观念对其行为的影响，并且能够放下以上一切，放空自己，才能"转识成智"，而袁了凡做到了不被后天观念与思想影响自己的内心，就是"不修道已在道中"的体现。

原 文

余曰："吾为孔先生算定，荣辱生死，皆有定数，即要妄想，亦无可妄想。"

云谷笑曰："我待汝是豪杰，原来只是凡夫。"

我说："我的命被孔先生算定了，何时生，何时死，何时飞黄腾达，何时失意，都有个定数，没有办法改变。就是要胡思乱想得到什么好处，也是白想，所以就干脆什么都不想，心里也就没有什么妄念了。"

云谷禅师笑道："我本来认为你是一个了不得的豪杰，哪里知道，你原来只是一个庸庸碌碌的凡夫俗子。"

禅师看到袁了凡能达到这种很了不起的状态，但禅师也同时看到袁了凡仅仅满足于知命而已，仅仅是因知命而绝妄念，并没有去领悟人生的真谛，并没有去修身立命，跳出五行与三界对生命的羁绊。

所以禅师为了激励袁了凡，就故意用凡夫懒汉做比较，说他们也能做到无欲无求，也是一种知天命的状态，与你有什么不同呢？从而启发袁了凡去学佛、修行、向善。按照袁了凡当时的状态看，是一种无欲无求、无贪念妄想的状态。而普通凡夫是达不到三天不倒、眼睛不闭、心静常恒的状态的。

现在，学习传统文化的人越来越多，但真正做到知天命从而放下妄念的人却很少，能达到三天不动一个妄念的人几乎没有，因为世俗的习气对人的影响太大，《论语》里也讲道："不知命，无以为君子。"[1]

原 文

问其故，曰："人未能无心，终为阴阳所缚，安得无数？但惟凡人有数；极善之人，数固拘他不定；极恶之人，数亦拘他不定。汝二十年来，被他算定，不曾转动一毫，岂非是凡夫。"

我听了之后不明白云谷禅师为什么这样说，便问他此话何解。

云谷禅师说道："一个平常人，很难做到没有胡思乱想的念头。既然有这样一颗一刻不停的妄心在，那就必然会被阴阳气数束缚了。既被阴阳气数束缚，怎么可能没有定数呢？虽说定数一定有，但是只有平常人才会被这种定数所束缚住。若是一个极善

---

① 冯映云.《中华文化经典读本》之九《论语》[M]. 广州：暨南大学出版社，2013.

的人，命运之定数就束缚不住他了。而极恶的人，命运之定数也束缚不住他。"

"你二十年来的命都被孔先生算定了，不曾把命运之定数改变一分一毫，你难道不是凡夫吗?"

14

云谷禅师先从极善的角度来引导袁了凡。因为极善的人，他的心地非常善良，又做了很多极善的事，做大善事的力量，就可以帮助他改变后天的命运，将贫苦短命变成富贵长寿。而极恶的人，尽管他本来命中注定要享福，但是他经常做大恶事，这大恶事的力量，就可以使福变成祸，把富贵长寿变为贫贱短命。修行就是从正面和积极的角度引导生命去改变命运，而善举也是不拘于大小之分的，而且不同境界对善的理解也完全不一样，正如古语"救人一命，胜造七级浮屠"所言。而修行的真正目的就是到最后跳出善恶，达到觉行圆满、智慧圆满。《了凡四训》后面两篇就在描述这种不局限自我境界的状态。

如我在前言中所说的，真正影响人命运的两种因素就是善与恶。从中国传统文化的阴阳思想来看，善恶正是一体的两面。

善与道德能形成人的福报，从而能把人不好的因素转化成好的因素，体现的既得利益也是好的；恶与损人利己能形成人的恶报，从而把好的因素转化成不好的因素，体现的既得利益也是不好的。因果由此循环！

　　善行所形成的果报包括一切在人间的幸福、快乐、高兴、高官厚禄、多子多福、儿女孝顺、夫妻和睦、工作顺利、生意发达、称心如意等；传统文化讲的和气生财、家和万事兴都是正能量的体现。

　　恶行所形成的果报包括一切在人间的痛苦、辛苦、忧愁、疾病、残缺、家庭不睦、儿女不孝、事事不顺、夫妻离婚、工作劳苦、生活艰难等。我们讲的负能量，形成负面潜意识的能量导致了人所得到的所有恶报。

　　《成唯识论》亦提道："有情众生，由四根本烦恼，轮回生死，不能出离。"① 传统旧观念认为，人的命运就是依据其生生世世的善与恶而安排来生的果报，善恶的种子与习气、观念如果不放下、不改正，会导致生生世世的轮回。什么时候改变，就什么时候去掉，从而结束这个因果的轮回。

　　而这种观念也有积极的一面，善恶之间的转化正是给人一个不断行善、维护社会道德的好机会。一个人如果希望获得好的生活与果报，就应该努力去维护社会好的道德与风气。这也是中国传统文化中反复讲到的一个道理："莫以善小而不为，莫以恶小而为之。"

　　有很多人问我关于法家的"人性本恶论"如何解释，我认为法家"人性本恶论"与西方的"原罪论"是异曲同工，其根本目的依然是维护、提升人类道德准线。法家从律法上

① （唐）玄奘译. 成唯识论［M］. 北京：中华书局，1998.

对人性恶的行为作出裁决处罚，从而维护道德与公平，但也会陷入治行不治心的误区。因为法家思想是"法不诛心"的，只管行为，不管思想。要避免复蹈前辙，就必须加以教化，恩威并施，让人明白法是底线，其上还有道德。《圣经》中的"原罪论"思想是以敦促人行善、传播爱来远离邪恶为目的的，不是为了倡导人性之恶，而恰恰是为了维护人类道德的准线。

从更广的角度来说，袁了凡开始修行也是注定的事情。在他二十年的命运中，走的完全是人的正常运程，被定数所束缚，他也因此对算定的命运产生执着心，无奈于这种命运的安排。而当他见到云谷禅师之前，命运其实已经开始改变了，云谷禅师在那时恰好起到"破茧化蝶"的作用。

原文

余问曰："然则数可逃乎？"

曰："命由我作，福自己求。诗书所称，的为明训。我教典中说：'求富贵得富贵，求男女得男女，求长寿得长寿。'夫妄语乃释迦大戒，诸佛菩萨，岂诳语欺人？"

我问云谷禅师道："照您说来，命数是可以跳脱出来的吗？"

禅师说："命运当然是可以由自己去创造的，幸福也可以由自己追求得到。自己的思想与行为如果是造恶，就自然折福损寿。

自己不断修善，一心替别人、替集体、替社会着想，就自然能得到幸福。诗书中所说的积德行善，都是非常好的教育人、培养人的方法。

"佛经里说：'一个人如果想潜心修行，这种行为本身就具有极大的福分。那么当他想转变成求富贵时，就能得到富贵，想转变成求儿女时就能得到儿女，想转变成求长寿时就能得到长寿。'

"只要努力行善、处处为他人着想，命运就一定会发生改变。说谎是佛家的大戒，所以这绝对不是我乱说假话、欺骗人的。"

《金刚经》是佛教的三大经典著作之一，其中提道："凡所有相，皆是虚妄。若见诸相非相，则见如来。"① 其中世尊更有偈言道："若以色见我，以音声求我，是人行邪道，不能见如来。"② 指出外求就是走邪路。佛法是反对任何形式的外求的，认为人的一切问题都是人的执念而造成的，心有执念，就是人被后天观念所影响，迷失了先天本性。众生由于在千百亿劫的轮回中，形成了很多的观念与恶习，人的外求之心很难转变，所以佛菩萨通过一些外在手段引导人走入学佛修行之路，也是一种方便，但最终必须要放弃一切外求之心。

---

① 赖永海. 金刚经·心经（佛教十三经）[M]. 陈秋平，译注. 北京：中华书局，2019.
② 赖永海. 金刚经·心经（佛教十三经）[M]. 陈秋平，译注. 北京：中华书局，2019.

富贵、儿女、长寿都是人在人世间最执着的东西，"福分"其实就是行善修德得来的"正能量"（姑且用本词指代）。

如理如法的求，其实就是把人修行得到的能量的一部分转化成了美好的愿望。由于这种能量是其吃苦、行善、积德修来的，所以希望能转化成人想要在世间求得的东西。一个人若没有这个能量，也是证悟不了佛果的。

行善才能彻底改变命运

原文

余进曰:"孟子言:'求则得之',是求在我者也。道德仁义可以力求;功名富贵,如何求得?"

我听了以后,心里还是不明白,又进一步问道:"孟子曾说:'凡是你想要去做到的事情,就一定可以做得到。'这是说我心里认为可以做得到的事情,能力所及的事情。若不是我可以做得到的事情,不是我能决定得了的事情,怎么能一定求得到呢?譬如说行仁义道德,那是我能够决定得了的事情。我立志要做一个有仁义道德的人,自然我就会努力成为一个有仁义道德的人。但是,功名富贵不是我想得就能得到的,需要外在条件成熟,别人肯帮助我,我才可以得到。倘若别人不肯帮助我,我就没法得到。那么,我要怎样才可以求到功名富贵呢?"

原文

云谷曰:"孟子之言不错,汝自错解耳。汝不见六祖说:'一切福田,不离方寸;从心而觅,感无不通。'求在我,不独得道德仁义，亦得功名富贵；内外双得，是求有益于得也。若不反躬内省，而徒向外驰求，则求之有道，而得之有命矣，内外双失，故无益。"

云谷禅师说："孟子的话不错，但是你的理解错了。六祖慧能说：'各种福田，都在每个人的心里面；只要向内心里去寻找，没有感受不到的。'而人过分追求功名与富贵时，会变得贪得无厌、不择手段、损人利己，甚至泯灭良心。那一定会把命里本来应有的福分加速消耗、转化掉，同时也会把人思想中仅有的仁义道德观念完全摧毁掉，那岂不是内外双失吗？所以，乱求、贪得无厌是毫无益处的。"

其实一切修行的方法，均是要向自己的内心去求、去找。向自己的内心去求就是改变自己的态度与观念，不断反省自己言行的对与错。眼睛不去看别人的问题，时刻观察自己的内心与思想善恶，由内心发出想要修行，想要向善的愿望。正如佛家所讲的"佛在心中"，儒家所讲的"反求诸己"，就是这个道理。

人的眼睛始终是向外看的，所以依世俗的习惯，眼睛里看到的都是别人的问题。凡夫俗子一定认为自己是最善良、最好的人，一切问题都是别人不好。人的眼睛向外，眼睛与心又是完全对应联系在一起，所以人的心、人的思想也均是习惯性地向外看与观察。人能把别人的问题观察得细致入微，却始终看不到自己的问题，更不愿意在问题与矛盾中反观、内视自己内心的变化。修行就是要不断反观、反省自己的内心，检讨自己的思想与行为。所以心外无法，也没有福田可寻。

我们会看到一个人的命运总是遵循这样一个循环的模式："心生念，念造命，命制运，运成人，人主事，事牵心。"在这个循环模式中，最关键的就是人内心的第一念，也相当于我们常常提到的"初心"。这一念也就影响了一个人后面的命运。有人想要行善，其言行也渐渐向善；有人说要修行，他会发勇猛心，努力修成。而在修行的过程中，动一丝外求之心，便有可能走向歧途。一念之差，最后的结果往往是让循环又回到了事事缠绕、牵扯人心的"事牵心"这一环。比如有人想求富贵，但富贵一定是与其起心动念及所作所为有密切的因果关系的。

一个人如果能真正做到始终向自己内心去寻找问题，那就不只是想要在思想中做个仁义道德的人了。因为人的行为是由思想所主导的，思想中认定做个有仁义道德的人是好事情，就一定能够做到。除此之外，身外的功名富贵，也会伴随而来，所以叫做内外双得。

换句话说，把主导思想真正放在修身养性以及行善之上，那一切幸福、金钱等，也会随之而来。所以，一个人若不能检讨反省自己，而只是盲目地到处去追求功名富贵，能不能得到呢？自己毫无把握。这就符合了孟子所说"求之有道，得之有命"① 这句话了。所以，可以通过求神拜佛得到的东西，

---

① （宋）朱熹. 四书章句集注［M］. 北京：中华书局，2011.

是因为你命中有，你无须求神拜佛也能得到。命中没有，你也是求不到的。

中国人常说"命里有时终须有，命里无时莫强求"，传统观念中更有因果报应这一说法，如《三世因果经》中佛说因果偈云："富贵皆由命，前世各修因；有人受持者，世世富禄深。"但《了凡四训》所讲的内容，就是要告诉人们，在命运注定的情况下，怎样通过行善积德、服务他人、服务社会来改变自己的命运。

原 文

因问："孔公算汝终身若何？"

余以实告。

云谷禅师接着问我说："孔先生算你终身的命运如何？"

我就把孔先生算我某年考得怎么样、某年当什么官、什么时候死，都详详细细地告诉了他。

❧ 反观内省，自我检讨 ❧

原 文

　　云谷曰："汝自揣应得科第否？应生子否？"

　　余追省良久，曰："不应也。科第中人，类有福相，余福薄，又不能积功累行，以基厚福；兼不耐烦剧，不能容人；时或以才智盖人，直心直行，轻言妄谈。凡此皆薄福之相也，岂宜科第哉。"

　　云谷禅师说："你根据我刚才所说的，自己好好思考一下，你应该考得功名吗？应该有孩子吗？"

　　我开始反省自己过去的种种所作所为，想了很久才说："我不应该考得功名，也不应该有孩子。因为考取功名的人，大多都是有福分的相貌。我的相貌显得薄弱，所以福分也薄；又没有去做积功德、积善行的事情，也就没有为厚禄福报建立坚实的基础。"

　　"我非常没有耐心、性情急躁，别人做得不符合我标准的地方，也不能包容、宽容，经常会变得气量窄小；有时候我又会妄自尊大，骄傲自满，以自己的一点才干、智力、小聪明去压制、嘲笑别人；或者自己心里怎么想就怎么说、怎么做，不管别人是否能接受；喜欢信口开河，随便乱谈乱讲，议论他人是非长短。像这样的种种举止行为，都是造成我福分薄弱的原因。我怎么可能取得功名呢?!"

袁了凡先生认真反省自己的内心世界，从这些反省中我们可以看到，了凡先生的悟性非常好。云谷禅师是当时有名的得道高僧，所以他怎么说，了凡先生马上就照着去做，不但没有一丝怀疑，而且抓住了反观内省，向内心去找、向内心去求这一实质，从自己内心世界的根本处开始检讨自己，这是非常难能可贵的。修行中最可贵的就是知行合一，正如《老子》中"上士闻道，勤而行之"① 所言，做到了才是真正的修行。如果做不到，只是思想上知道、嘴上说道，那将一事无成。

很多人开始修行后，喜欢谈空论道。因为没有实质的修证，所以大部分是解证，即根据别人说的体会，思想上好像明白了，也能对应一些事，说起来也头头是道，但只要稍微变化，就无法理解了。因此大部分是口头禅，开口闭口都是行话，附庸风雅而已。

---

① 冯映云.《中华文化经典读本》之十《老子》[M]. 广州：暨南大学出版社，2013.

原文

地之秽者多生物，水之清者常无鱼，余好洁，宜无子者一；

不干净、不清洁的地方，虽然人生活起来会觉得不舒服，但这种地方却最有利于各种低等生物的生存，水至清则无鱼。我喜欢干净，本来是好事，但是太过头了，就是洁癖。我过分地喜欢清洁，就会强求别人都要像我一样清洁，就变得不近人情，这是我没有孩子的第一个原因。

从心理学上来讲，有洁癖的人往往同时存在一种潜意识，就是缺失安全感的恐惧心理，因此表现得过分喜爱清洁卫生，也要求家庭成员遵守，甚至在这方面过于严苛，传递的其实是一种焦虑，结果往往是事与愿违，甚至会招致家人的抵触。

改变这种洁癖的方法一是像袁了凡一样深刻认识、深刻反省，提高自己的心理素质，尊重别人。另外一种方法就是抛掉心里那颗恐惧的"种子"，这个"种子"很麻烦，它可能来自于长辈的一句话，可能是看到了某种让人没有安全感的现象，也可能是因生活中的某件事而引起的焦虑。这种"种子"如果不去掉或者不改变，就可能会让人在面临重大抉择时作出错误的判断，从而对自身的命运产生负面的影响。

原文

> 和气能育万物，余善怒，宜无子者二；

和气能化育万物，家和万事兴。我很容易生气，一点小事情都会跟别人计较发火，没有一点和气、宽厚之心，这是我没有孩子的第二个原因。

五千年来中华民族文化一直演绎着一个"和"字，为什么呢？因为正如我们强调"真善美"一样，"和"就是一种适度、圆融、自然的状态。越有修为，境界越高，越能体现这个"和"的状态。

"和"同时表现为慈悲、大爱、豁达、开朗、善解人意、尊重别人、平易近人、为别人着想、无私等。那么在普通人中间，"和"就是喜怒哀乐等正负能量平衡的体现，所以《中庸》里讲："喜怒哀乐之未发，谓之中；发而皆中节，谓之和。"① 就是讲以平和的方式表达喜怒哀乐。"和"的状态能带来生命的喜悦、和谐、共生，能吸引其他好的因素，形成一个更团结、更有祥和气氛的环境。

从中国传统医学的角度来讲，肝火旺盛的人易怒，必须清净以调动肾水来平衡心火。所以易怒的人在发怒时，旁边最

---

① 冯映云.《中华文化经典读本》之八《中庸》[M]. 广州：暨南大学出版社，2013.

好有亲近的人马上端水过来给他喝下，可能很快平息他的火气。但这些都是外在的帮助，而真正内在的帮助就是像袁了凡一样深刻反思自己。

原 文

爱为生生之本，忍为不育之根，余矜惜名节，常不能舍己救人，宜无子者三；多言耗气，宜无子者四；喜饮铄精，宜无子者五；好彻夜长坐，而不知葆元毓神，宜无子者六。其余过恶尚多，不能悉数。

仁爱是生命生生不息的根本原因，残忍是万物败坏的根本原因，更不可能孕育生命。我只知道爱惜自己的名声，很爱面子，却不肯牺牲自己这些肤浅的东西去成全别人，更不能舍己救人，这是我没有孩子的第三个原因。

我喜欢高谈阔论，说话太多容易消耗气血，因此体质变差，这是我没有孩子的第四个原因。

我爱喝酒，醉酒后又容易发酒疯，将自己仅有的精、气、神都消散没了，这是我没有孩子的第五个原因。

我喜欢整夜长坐，不肯睡觉休息，不晓得保养元气精神，这是我没有孩子的第六个原因。还有许多其他的过失，反省起来真是很多很多呀！

通过云谷禅师的启发，袁了凡对自己过去的一切行为与思想进行了一次大反省，从而找到了自己福分薄弱的真实原因，这就是反观内视，向内心去找、去求。找到了自己内在思想与行为的问题，也就找到了问题的根本症结与解决方案，这是人积福修善与成就福田的第一步。

中国传统医学认为，日月运行，阴阳亏盈，按照日出而作、日落而息的方法养生，对生命的精、气、神很有帮助。一天分十二个时辰，从23点开始为子时，每两个小时为一个时辰。这有什么讲究呢？

人体在每天19点到21点时，心火入库，因为心是主宰人体生命的因素，气血运行到了这个时候，开始入心房休息，同时代表一天的劳作思考在此时可以放下，夏天人们纳凉休息。

进入21点到23点之间为亥时，肾气运行，心火进一步安详安息，人应在此时入睡，肾经收藏能量，养精蓄锐。

进入23点到1点为子时，肾经旺盛进一步滋养收藏心火与能量，更需要静养安睡，因为肾经此时旺盛，所以此时人易从睡眠中清醒排尿。

1点到3点为丑时，肝胆开始释放能量，3点到5点为寅时，肝经旺盛，像草木受雨露滋润开始静悄悄地生长，人体精神此时蓄养充分，血气开始活跃。

5点到7点为卯时，胆汁分泌旺盛，鸡鸣，人起床运动，心火开始运行，思想与身体都在此时开始活跃，此时人们开市贸易，古代早朝亦是此时，人一天的劳作也从此开始。

7点到9点是辰时，脾胃活跃，因此人在此时进食早餐最好，胃吸收五谷精华，滋养肾经，供给人体一天的能量。

9点到11点是巳时，心经开始旺盛，小肠活跃分解食物。

11点到13点为午时，心经最旺，能量散发也非常厉害，人也处于最躁的时侯，此时思考问题会头绪不佳，脾胃此时运行充分，血气集中到脾胃，头部供血不足，因此人会昏睡困顿。

13点到15点为未时，肝胆开始进入休息的时候，此时需要休息小睡，滋养肝胆，休息后人会立刻精力充沛，能量充足，就像充足了电一样。

15点到17点为申时，肺经活跃旺盛，肺包心，所以此时心肺非常活跃，在此时会排出大量热量，因此人在下午运动，加速肺的运行。

17点到19点为酉时，心肺做最后的能量散发后开始衰落，偃旗息鼓，肝胆此时处于最弱与休息状态，因此晚上人体能量不靠五谷食物，而靠日月运行的精华滋养，所以养生学强调晚餐少吃，更要少吃油腻的东西，因为肝胆已经处于休息状态，分解食物的效率低下，从而造成淤积。

所以古人养生都是按照日月运行的规律来安排自己一天的劳作休息。因为人的五脏六腑在不同的时间段运行的情况完全不同，它们也都需要休息。因此按照日出而作、日落而息的方法生活，本身符合天地运行规律，就是最好的养生之道，人也会因此精、气、神旺盛。人体精、气、神充足，则人的精力旺盛，行动力强，充满朝气。而人不按照这样的方式作息，人的精、气、神则自然衰弱，气血两亏，这样的话，人就时常显得没有精神。

精、气、神不足，人就会多疑、害怕、担心、胆小、多虑、惊慌、不善开口与交往。当要建功立业、修身立命之际就会思前顾后，不敢勇猛前进。

精、气、神不足，人体就容易衰老，直至人的精、气、神消耗殆尽，则生命结束。因此袁了凡通过对自己的分析，知道自己生活没有规律，精、气、神严重不足，肾经必然衰弱，精子没有活力或者少精无精，即使要孩子，生出来也容易体弱多病。

在中国传统医学与养生学中，除对精、气、神非常讲究外，还认为精、血、津液是人的三宝。精是人体的起源与生命的基础。血是将精、气、神以及各种营养物质供应人体全身的纽带。津液是人体内各种经络与五脏六腑器官组织之间的水液总称，清而稀者为津，浊而稠者为液。津液对人体心、肝、脾、肺、肾都有好处，津液耗散太多，则气血严重不足。人没有了津液，精、气、神也就耗散殆尽了。所以古人对精、血、津液都非常看重。

有百世之德者，定有百世子孙保之

原文

云谷曰："岂惟科第哉。世间享千金之产者，定是千金人物；享百金之产者，定是百金人物；应饿死者，定是饿死人物；天不过因材而笃，几曾加纤毫意思。"

云谷禅师说："岂止是功名不应该得到，恐怕不应该得的事情，还多着呢！这个世上能够拥有千万家财的人，一定是享有千金福报的人；能够拥有百万身家的人，一定是享有百金福报的人；应该饿死的，一定是应该受饿死报应的人。善人积德，上天就加多他应受的福；恶人造孽，上天就加多他应得的祸。上天只不过是在观察人善恶行为的基础上，加重一些善与恶的报应罢了，并没有丝毫别的意思。"

在传统观念中，认为人的功名富贵必然与人的道德、善念、善行紧密联系在一起。富裕、富贵的人明白自己富裕、富贵的原因都是由一切善行所积累的功德转化而来，就一定会持续不断地宣传善行与遵循道德准则。

原文

"即如生子，有百世之德者，定有百世子孙保之；有十世之德者，定有十世子孙保之；有三世二世之德者，定有三世二世子孙保之；其斩焉无后者，德至薄也。"

"就像生子，一个人所积累的功德能流芳百世，就一定有一百代的子孙，来保住他的福；所积的功德能流传十代，就一定有十代的子孙，来保住他的福；积了三代或者两代的功德，就一定有三代或者两代的子孙，来保住他的福；至于那些只享了一代的福，到了下一代就绝后的人，那是他的功德极薄的缘故。"

这段是云谷禅师借一般人的见解，来劝了凡先生努力积德行善，以改变自己的命运。在普通人的思想中，人都想把财富留给后代，想只把好处留给后代，但是，这只是一厢情愿的事情。我们在把财富留给后代的同时，不好的东西，也同样会留给后代，它们必然是一起承接的。所以在此奉劝天下的父母，一旦孩子出现了问题，一定要先对自己的思想与行为进行反省、改正，才不至于贻害孩子。

积善之家，必有余庆

原文

"汝今既知非。将向来不发科第，及不生子之相，尽情改刷；务要积德，务要包荒，务要和爱，务要惜精神。从前种种，譬如昨日死；从后种种，譬如今日生；此义理再生之身也。"

"你今天既然晓得自己的过失，想要改变命运，从哪里改起？就是从自己的不良习气、过失行为下手。把你为什么得不到功名的这些过失统统改过来，把你为什么没有儿子的这些过错统统改正过来。

"那么就一定要积德行善，一定要打开自己的心扉，心胸宽广才能包容一切。一定要和气、仁爱、慈悲对待他人。一定要爱惜自己的身体与精神。

"从前所经历的一切已经过去了，不要再去想它，再想又是执着。今后的一切，犹如新生一样。

"能够做到这样，你就是一个重新再造的、具有仁爱道德的新的生命了。"

放下过往之恶，是升华自己的一大关键。人不知道回忆其实是一种强大的执着。回忆痛苦、念叨痛苦的本身，就是因为不愿意放下它，放弃它，所以越念叨，痛苦越存在，最后成了"祥林嫂"。因为思想也有能量，当它不断去回忆、留恋过去的经历时，其实就是认可过去的一个观念，抓住过去某个因素不放。这对一般人来讲没有什么，因为他就是这样生活的，但对于一个想升华自己的人，就必须放下过去，哪怕是记忆。

一件事情过去了，你要学会赶快放下，不要再去记起它、执着于它、谈论它，保持空杯状态。有一念谈论的欲望，就有一念之苦，就有一念没有放下。只有放下了，才能活在当下，才能随时开始新的生活。

因为从生物学、哲学以及物理学的时空原理的角度来看，都有这么一种说法，就是"每一秒都是一个新的你，旧的你已经死亡了"。为什么会这样呢？因为时间每秒都在过去，你身体的细胞每秒都在更新，每时每刻你都在成为一个新的你，所以只有不断放下，保持空杯，才能走向空性，明心见性。

原文

"夫血肉之身，尚然有数；义理之身，岂不能格天？太甲曰：'天作孽，犹可违；自作孽，不可活。'诗云：'永言配命，自求多福。'孔先生算汝不登科第，不生子者，此天作之孽，犹可得而违也；汝今扩充德性，力行善事，多积阴德，此自己所作之福也，安得而不受享乎？"

"我们这个血肉之躯，有一定的定数。而一个充满仁爱、道德，顺应天道的生命，哪有不能感动上天的道理？《尚书·太甲》中说道：'上天降给你的灾害，还可以避开；而自己若是故意做坏事，就必然要受到报应，那是不可避免的。'

"《诗经》也讲：'人应该时常想想自己的所作所为合不合天道。符合天道、天理的行为，你不用去想、去求可以得到什么福报，自然都会有。因此，一切祸福的报应，全是自己内心思想所带动的行为带来的。'"

《易经·系辞传》所讲的"与天地合其德"[①]，其实就是说天人一体，自性与宇宙完全一体。人完全融入宇宙，我就是宇宙，宇宙就是我。这个"我"是大我，是自性，是本体，是无私无我的。那么自性本身存在一切智慧，一切福德，取之不尽用之不竭。所以你照着去做就符合天道了。怎样与天地合德呢？上面阐述的就是其中一些方法，你只有放下低层的观念才能解脱出来，才能获得高层的智慧，才能更接近天道。

一开始，云谷禅师告诉袁了凡，通过行善可以求得他想

---

① 杨天才，张善文译注. 周易[M]. 北京：中华书局，2011.

要得到的一切福报。讲到这里，禅师告诉了凡，行事只需遵循仁爱与道德，不需要再有什么求福报的想法，一切该有的福报一定会有，要无所求而自得，因为这是天理。

　　"孔先生算你不能在官场上取得成功，命中没有孩子。虽然说是上天注定，但还是可以通过行善积德来改变。你只要将人本来就有的道德本性，不断壮大、扩充起来，尽量多做一些善事，多积一些阴德（不为人知的、暗中所施的功德，相对应的"阳德"即是为人所知的功德），你自己行善所造的福分，别人要抢也抢不去的，哪有可能享受不到呢？"

　　"阴德"一开始并不是指"暗中所施的功德"，自《淮南子·人间训》所讲的"夫有阴德者，必有阳报；有阴行者，必有昭名"[①] 开始，才是现在这个意思。传统观念认为，如果做一点点好事，就要让全世界都知道，这个福德立刻就报掉了，所以很可惜。也有思想认为"阳德"的善是假善、伪善，而不是真善。但是我们可以清楚地看到，为善而善，动机就已经不纯，无论是阴德还是阳德。

　　如果一个人能从他的本性出发，自然而然地去做好事，舍己为人，不求报答，这才是积真的阴德。做了这些好事情，对社会风气有益，对提升人的道德修养有益，不是为了自己私

---

　① 陈广忠译注. 淮南子[M]. 北京：中华书局，2022.

人利益的目的。即使被报导出来自己也不生欢喜心、不骄傲、不显示、不动心，那这也是大功德，是大好事，更值得表彰。所以万事都在于你那颗心。

原 文

"易为君子谋，趋吉避凶；若言天命有常，吉何可趋，凶何可避？开章第一义，便说：'积善之家，必有余庆。'汝信得及否？"

"《易经》上也为一些宅心仁厚、有道德的人提供了改变命运的方法，要他们往吉祥的那一方去，避开凶险的人、事、地方。

"如果说命运是一定不能改变的，那么，又怎么可能去获得吉祥、避免凶险呢？《易传·文言传·坤文言》说：'经常行善的家庭，必定会有许多福报传给子孙后代。'这个道理，你真的能够深信不疑吗？"

对普通人来说，吉凶是件很大的事情，每个人都希望能趋吉避凶。因为人世间很苦，不但苦，而且充满名、利、情的诱惑，所以我们都想要知道我们以后会怎么样，就是了解我们的命运，然后在某种范围内趋吉避凶。

但是对于希望升华自己的人来说，吉凶只是某种因缘的体现，出现好的事情也许是过去的善果来报，不需要欢喜；出现倒霉的事情、凶恶的事情，也许是过去的恶果来报，不需要担心。善报恶报都能放下，那就非常了不起。

为什么说《易经》为好人、有道德的人提供趋吉避凶的方法呢？难道《易经》有分别地去对待人？其实，《易经》可以帮助希望提升自己的人往更高的层面走，伏羲曾"仰则观象于天，俯则观法于地。观鸟兽之文与地之宜。近取诸身，远取诸物，于是始作八卦。以通神明之德，以类万物之情。"① 通过颂扬自然的美德以及体察万物来引导人向上。

随着你积累的福德越来越多，你就越来越接近好运，好的因素也会被你感召过来，离不好的因素也就越来越远，自然越来越吉。如果老是执着于吉凶本身，人要升华就很难。《易传·文言传·坤文言》讲："积善之家，必有余庆。"② 有喜庆了还会继续有喜庆。

而对于坏人，因为他是朝坏的方向发展，所以积累的都是不好的东西，那不用算也是越来越凶。《易传·文言传·坤文言》讲："积不善之家，必有余殃。"③ 有灾难了还会有更大的灾难。

---

① 杨天才，张善文译注. 周易[M]. 北京：中华书局，2011.
② 杨天才，张善文译注. 周易[M]. 北京：中华书局，2011.
③ 杨天才，张善文译注. 周易[M]. 北京：中华书局，2011.

第一次发愿行善事报答祖先

余信其言，拜而受教。因将往日之罪，佛前尽情发露，为疏一通，先求登科；誓行善事三千条，以报天地祖宗之德。

云谷出功过格示余，令所行之事，逐日登记；善则记数，恶则退除，且教持准提咒，以期必验。

我相信云谷禅师所讲的，向他拜谢并接受他的指教。同时我到佛祖面前忏悔把从前做的所有错事、犯的所有罪恶、坏脾气、坏毛病，不论大小轻重，全都说出来，并且做了一个行善求福的计划，先祈求能得到功名。我发誓要做三千件善事，来报答天地祖先对我的大恩大德。

云谷禅师听我立誓要做三千件善事，就拿了功与过的对照表格给我看，叫我照着"功过格"所制定的方法去做。所做的事情，不论是善是恶，每天都要记在功过格上。做了恶事，根据恶事的大小，用已经记的功德来减除。

云谷禅师还教我念"准提咒"，用佛菩萨的力量来加持自己的愿望，以期能够实现。

"准提"两字若按古梵语的普通字义诠释，就是清净的意思。

原文

语余曰："符录家有云：'不会书符，被鬼神笑。'此有秘传，只是不动念也。执笔书符，先把万缘放下，一尘不起。从此念头不动处，下一点，谓之混沌开基。由此而一笔挥成，更无思虑，此符便灵。凡祈天立命，都要从无思无虑处感格。"

云谷禅师又对我说："画符的专家曾说，一个人如果不会画符，是会被鬼神耻笑的。

"有一种秘密的画符方法传下来，就是画符时不存一点妄念。当执笔画符的时候，不但不可以有不好的念头，就是正当的念头，也要一起去掉。所有的念头都要去掉，一念不生，做到完全清净。到了心完全清净、一念不生时，用笔在纸上点一点，这一点就叫混沌初开。因为完整的一道符，都是从这一点开始画起，所以这一点是符的根基所在。

"从这一点开始一直到画完整道符，若没起任何念头，那么这道符就很灵验。不但画符不可夹杂念头，凡是祷告上天，都要从没有妄念上下功夫，这样才能感动上天。"

我们从上面这些话可以看到，袁了凡在见云谷禅师时能做到三天三夜不转动一念，是非常了不起的事情，充分体现了传统文化的作用，它具有把人带入禅定状态的功能。其实，念经、持咒能做到一心不乱，心已经非常清静，已经是有非常深的定力了。

一念不生，是因为妄念、习气都能去掉，执着都能放下。混沌初开，就是无极生太极，就像我们现代人也常常讲"从0到1"一样。当你做一件事情时，真能保持清净、纯真、一念不生的心态，会发现许多事情是能与天地配合在一起的，无须焦虑紧张。

短命与长寿、贫穷与富贵没有分别

原 文

"孟子论立命之学，而曰：'夭寿不贰。'夫夭与寿，至贰者也。当其不动念时，孰为夭，孰为寿？细分之，丰歉不贰，然后可立贫富之命；穷通不贰，然后可立贵贱之命；夭寿不贰，然后可立生死之命。人生世间，惟死生为重，曰夭寿，则一切顺逆皆该之矣。"

"孟子讲立命的道理时说道：'短命和长寿没有分别。'"

"短命和长寿明明相反，而且完全不同，怎么说是一样的呢？要晓得在一个妄念都完全没有时，人就如同婴儿一样，哪晓得短命和长寿的分别呢？"

这里讲的短命长寿、富贵贫穷没有分别，是否跟前面讲的改变命运，变贫穷为富贵，变短命为长寿相矛盾呢？其实不矛盾，因为这是两个不同层面的东西。人的思想成长有一个次第关系。刚开始人总是追求自我价值与需求的，所以渴望改变命运。但是现在所讲的这个层面，是在讲更深一层的道理。

分别心是人的一大痼疾，也是修行过程中不容易去掉的一个执着心与观念。人一旦有了分别心，就会出现种种私心与执着，爱与恨、善与恶、高与低、高兴与不高兴、喜欢与不喜欢、爱做什么与不爱做什么等，都是分别心的体现，也是情的一种体现。传统观念认为宇宙是"一"不是"二"，是"二"就是分别心造成的。太极生两仪，也是从一分成了二，形成了"二"，就出现了分别与对立。因此人就会被这些因素拘束而忘记了自己的本性。而在更高境界的视角来看，因为没有人类的观念、没有妄念与各种执着，对事物是不存在分别心的。

佛、道两家都讲，呼吸间与刹那间生命均已完成生、灭，现代科学对人体研究也认识到，细胞在每秒钟均会发生生与死的现象，旧的细胞死去，新的细胞诞生。因此，人体每秒钟都是在更新中，人体每秒钟均发生了生灭现象，人的生命过程就是无数的生灭现象组成的一个过程，从而形成人的人生历程。

一个生灭与无数个生灭组合就是短命与长寿的分别，在没有观念、没有妄念的情况下，长寿与短命的意义是完全一样的，正如孟子所云："夭寿不贰，修身以俟之，所以立命也。"① 修行就是使人证得"不生不灭，不垢不净，不增不减"②，超脱、了结生灭现象。古希腊哲学家赫拉克利特讲

---

① （宋）朱熹. 四书章句集注［M］. 北京：中华书局，2011.
② 赖永海. 金刚经·心经（佛教十三经）［M］. 陈秋平，译注. 北京：中华书局，2019.

"人不可能两次踏入同一条河流"，也是讲河水每一刹那都在流动，两次踏入时，河看上去相同，水还是水，但已经是不同的水以及不同水形成的流。人类历史也是由不同朝代的生灭现象组成的，不同朝代的人演绎不同的历史故事，形成人类的历史和文明。

"进一步细说，对富足和贫穷也能看得没有分别，你就能改变贫富之命。对失败与成功也能看得没有分别，你就能立贵贱之命。富贵的人不可仗势欺人，造种种罪孽，糟蹋自己的福分。能力、福分越大，责任就越大，更应该为善去恶、广种福田，使本来富有的命，变得更加富有而长久。

"贫穷的人虽然穷，仍然应该安分守己地做人。不可以因为自己不得志，就不顾一切、不择手段地去谋取别人的利益，更不能自暴自弃去做坏事。要心存善念才能把本来贫穷的命改变成富贵的命，才能趋吉避凶。

关于贫富贵贱，孔子有谈道："富与贵，是人之所欲也，不以其道得之，不处也；贫与贱，是人之所恶也，不以其道得之，不去也。"① 可见，不论是想要安处富贵还是要摆脱贫贱，都需要以正确的方式和态度去对待自己的人生，正所谓

---

① 冯映云.《中华文化经典读本》之九《论语》[M]. 广州：暨南大学出版社，2013.

"富贵不能淫；贫贱不能移；威武不能屈，此之谓大丈夫。"①

富与贫如同一只手，有手心和手背两面。阴与阳、善与恶、好与坏、正与负、爱与恨、精神与物质等，也如同从太极中分化出两仪（阴阳），从而形成事物的两面性。中国传统文化强调使思想与物质达到合一的状态，合一就是没有分别心的具体体现。中国文化讲合一，这种合一是宇宙与人的完全合一，是内外、上下、前后、左右、大小等的全面合一。

"对短命和长寿也能看得没有分别，你就能改变生死之命运。短命的人不可以因自己短命，活不久，就趁还活着的时候作恶，要晓得既然自己生命短暂，就更应珍惜做好人的机会，或许这一生就已经能延长寿命了。同样地，命中长寿的人，不要认为自己活得好，就生邪念、造孽、犯邪淫。要晓得长寿也是自己的福德积来的，更要继续行善积德，才会更加健康、长寿。

生命的意义并不在于富贵与贫穷、短命与长寿，佛家讲刹那能成就永恒。从袁了凡的事迹中我们看到，他因为潜心修行增长了自己的福分，延长了自己的寿命。由此可见，云谷禅师让了凡先生积善修福更重要的是让他在有限的生命里向善向上，从而改变命运。

---

① 冯映云.《中华文化经典读本》之九《论语》[M].广州：暨南大学出版社，2013.

对一个立志修行的人来说，万不可将自己的愿望集中在延长寿命与轮回的福报之上，要晓得修行的目的是为了探究生命的意义。

在《西游记》里，孙悟空当年到菩提老祖那里学道，非长生不老之法不学，而长生不老只有跳出三界才有可能。所以人要晓得轻重，切莫因小失大。积善、修福、做好人还只是一个修行人初期的标准。

一个人无论自认为自己能力如何，都应该发大愿望，要有今世必成正果的愿望，切不可因为穷、富、短命、长寿的分别与执着而把自己的本性与能力看低了。穷、富、短命、长寿的原因，关乎后天的因果、遭遇与习性，而其实前文有云："一切福田，不离方寸；从心而觅，感无不通"，人的先天自性正如《坛经》中所言"菩提自性，本来清净；但用此心，直了成佛""一切万法，不离自性"①，这也是要认识清楚的。

"人生在世，最大的事情莫过于生死，这也是人最担心而又无法把握的事情。生与死自然跟短命与长寿联系在一起，所以短命与长寿就好像变成了很重大的事情。一切顺境、富有、发达与逆境、贫穷、不发达也同样成了人生的大事了，从而形成人一生的命运。"

---

① 赖永海. 坛经（佛教十三经）［M］. 尚荣，译注. 北京：中华书局，2018.

生死是威胁人的第一大事，生则代表希望、拥有，死则代表空灭、失去一切。正因如此，所以人要看破生死实非容易的事情。因为死亡对人是一种威胁，意味着失去生命、失去亲情、失去拥有的一切。所以人会生出无数的念头来希望获得利益，满足欲望，希望在生的时候拥有一切，也想抓住一切，有些人到死还不明白人世间什么也带不走，因此又恰恰被命运之定数所拘束。只有放下生死之念，真正证悟生命的无生也无死，人才能解脱、自在。如此一来，当然也没有贫穷与富贵、顺与逆、发达与不发达的区别。时间对所有的人都是平等的。

身、口、意合一

原文

"至'修身以俟之'，乃积德祈天之事。曰修，则身有过恶，皆当治而去之；曰俟，则一毫觊觎，一毫将迎，皆当斩绝之矣。到此地位，直造先天之境，即此便是实学。"

云谷禅师继续说："孟子所说的'修身以俟之'这句话，是说自己要时时刻刻修养德行，不要造成半点过失、罪恶。只要顺应天理，命运就一定能改变，这是水到渠成的。

"说到'修'字，身上有一些小小的坏毛病、过失、不好的念头，就应该像治病一样，认真反省、检查，把过失、罪恶与不好的念头完全去掉。讲到'俟'字，是说等到修的功夫深了，命自然就会变好。不要有一丝一毫的非分之想，或者是患得患失。也不可以让心里的念头乱起乱灭，要完全把后天之观念斩掉。能够做到这种地步，已经是达到先天不动念头的境界了。到了这个阶段，那就是世间受用的真正学问。"

《成唯识论》讲到，人有眼、耳、鼻、舌、身、意六识，以及第七识的"末那识"和第八识的"阿赖耶识"。认为人的思想受前六识影响，它们都储藏在生命的"记忆库"（姑且用本词代替）里，而人的先天本性也储藏在生命的记忆库里。

人的世俗观念，什么时候改变它，就什么时候才能去掉它。不想改变它，它就按照它形成时的那个观念影响人的思想与生活态度，而且还会持续地影响下去，直到你觉醒时改变。

《成唯识论》中还讲到，通过前六识的积累所形成的世俗观念一并储存于第七识"末那识"里面。修行到第七识"末那识"时，过去形成并储藏下来的思想观念、爱与恨等会不断向外反映出来，只有进入第八识"阿赖耶识"，人才能见到佛性真理，那里面储藏的就是先天本性。

通过现代心理学研究，我们也看到了人的潜意识是一个巨大的记忆库。到了一定的时候，那些过去形成的不好的思想就会影响人，扰乱人的思想与生活。所以，《易传·文言传·坤文言》告诉人们"积善之家，必有余庆；积不善之家，必有余殃。"① 我们的祖先在很久以前就已经完全明白了这种道理，告诉我们人活着为什么要积德行善。

① 杨天才，张善文译注. 周易[M]. 北京：中华书局，2011.

49

原 文

"汝未能无心，但能持准提咒，无记无数，不令间断，持得纯熟，于持中不持，于不持中持。到得念头不动，则灵验矣。"

云谷禅师接着说："你现在还达不到不动心的境界，那么你若能念'准提咒'，请佛菩萨加持自己，只要不间断地一直念下去，念到极熟的时候，自然就会口里在念，自己不觉得在念，这叫做持中不持；在不念的时候，心里觉得仍在念，这叫做不持中持；念咒能念到这样，那就是'我、咒、念'打成了一片，一心不乱，自然不会有杂念进来，那么，念的咒，也就没有不灵验的了。但是这种功夫，一定是要通过实践才能领会到的。"

普通人的行为，都是被念头、观念带动的。凡是有心而为的善事，不能算是出于本心自然流露而做，也就做不到无所求。如果一个人能做到行善而不觉得善，只是自然而为，那才真是了不起。因为当他能够这样的时候，他的善行来自本性、自性，而没有一丝外求之心，也没有行善不行善的感受，更没有行善会得到什么好处或功德的想法，这是大德之士、上士。这种人与善是同一体，是合一的。

由于世间凡人的积习，要做到这样有点难，所以圣贤也会倡导人们积德行善，并告诉人们这么做的好处，但并不代表其中心思想倡导人外求，而是把积德行善得果报作为一个引人向善的方式。但人经过这样一点点有为的善行，坚持下去就能达到无为而善的状态。中国古人讲"莫以善小而不为，莫以恶小而为之"，都是告诉人们怎样成为一个高尚的人，还有"人到无求品自高"，都是一个道理。

"我、念、咒"打成一片，就是"身、口、意"完全合一的一种体现，或者说是身和神完全合一的一种体现，这是很高的修为了。

❧ 改名"袁了凡" ❧

原 文

　　余初号学海，是日改号了凡；盖悟立命之说，而不欲落凡夫窠臼也。从此而后，终日兢兢，便觉与前不同。前日只是悠悠放任，到此自有战兢惕厉景象，在暗室屋漏中，常恐得罪天地鬼神；遇人憎我毁我，自能恬然容受。

　　我起初的号叫作"学海"，但是自从那一天起就改号叫作"了凡"。因为我明白了改变命运的道理，不愿意再做凡夫。把凡夫的见解完全了绝，所以叫作"了凡"。

　　从此以后，我就整天对自己的言行与思想小心谨慎，自己也觉得和从前大不相同。从前尽是糊里糊涂、随随便便、无拘无束；到了现在，自然有一种小心谨慎、战战兢兢、戒慎恭敬的状态。

　　"小心谨慎"是一个修行人的基本态度，包括对自己的一思一念都得看住，也要求严格，更别说对于行为的要求了。所以，人要有在钢丝上走路的心态，只有集中精神留心自己的每一步，才不会掉下来。在这里，小心谨慎不是指一个人胆小怕事，而是指严谨、专心地做好每一件事情。儒家讲"慎独"，就是讲一个人哪怕独处的时候，也要时刻警惕自己的思想、观念与行为，要时时刻刻看得住自己的一念，不出现"随心而化"的现象。

例如人有好面子心理和疑心，对别人说的话就很敏感，甚至别人一个表情也会怀疑是否针对自己，觉得自我受到损害的时候，大脑就会想象出很多东西，这就是随心而化。

即使是在暗室无人的地方，我也常恐怕得罪天地鬼神。碰到讨厌我、毁谤我的人，我也能够安然地接受，不与他人计较争论了。

❧ 命运开始改变 ❧

到明年礼部考科举，孔先生算该第三，忽考第一；其言不验，而秋闱中式矣。

然行义未纯，检身多误；或见善而行之不勇；或救人而心常自疑；或身勉为善，而口有过言；或醒时操持，而醉后放逸。以过折功，日常虚度。自己巳岁发愿，直至己卯岁，历十余年，而三千善行始完。

从我遇见云谷禅师的第二年起（公元1570年），我到礼部去考科举。孔先生算定我应该考取第三名，哪知道我却考了第一名，孔先生的话开始不灵验了。孔先生没算到我会考中举人，哪知道到了秋天乡试，我竟然考中了举人，这都不是我命里注定的。云谷禅师说命运是可以改变的。这话我更加相信了。

我虽然把过失改了许多，但是碰到应该做的事情，还是不能一心一意地去做。即使做了，依然觉得有些勉强，不太自然。自己检点反省，觉得过失仍然很多。

例如，看见善事虽然肯做，但是还不能够大胆地拼命去做；或者是遇到他人求救时，心里常怀疑惑，没有坚定的心去救人；

自己虽然勉强做善事，但是常说不恰当的话；有时我在清醒的时候，还能把持住自己，但是酒醉后就放肆了。虽然常做善事，积些功德，但是过失也很多，拿功来抵过，恐怕还不够，时间与光阴常是虚度。从己巳年（公元 1569 年）听到云谷禅师的教训，发愿要做三千件善事，直到己卯年（公元 1579 年），经过了十年之久，才把三千件善事做完。

　　影响了凡先生的一个原因是立愿不够，就是修佛的志向与愿望小了，做的事情也会跟着狭小，对学佛的体验也跟着变小，这就是"境随心转"的道理，也就是"种瓜得瓜、种豆得豆"的内涵。

第二次发愿行善事求生子

原文

时方从李渐庵入关，未及回向。庚辰南还。始请性空、慧空诸上人，就东塔禅堂回向。遂起求子愿，亦许行三千善事。辛巳，生男天启。

在那个时候，我刚和李渐庵先生从关外回到关内，没来得及把所做的三千件善事回向。到了庚辰年（公元1580年），我回到了南方，方才请了性空、慧空两位得道的大和尚，借东塔禅堂完成了回向的心愿。到这时候，我又起了求生子的心愿，也许下了三千件善事的大愿。到了辛巳年（公元1581年），生了个儿子，取名叫天启。

"回向"就是将自己修习佛法所积累的功德无条件馈赠给法界一切众生，使所有生命都能感受佛法加持的力量。

第三次发愿行善事求中进士

原文

余行一事，随以笔记；汝母不能书，每行一事，辄用鹅毛管，印一朱圈于历日之上。或施食贫人，或买放生命，一日有多至十余圈者。至癸未八月，三千之数已满。复请性空辈，就家庭回向。九月十三日，复起求中进士愿，许行善事一万条，丙戌登第，授宝坻知县。

我每做一件善事，随时都用笔记下来。你母亲（因本书为诫子家训，故第二人称（汝）为了凡先生之子，此处为了凡先生之妻，下同）不会写字，每做一件善事，她都用鹅毛管，印一个红圈在日历上。送食物给穷人，买活的东西放生，都要记圈。有时一天可画十几个红圈呢！也就是代表一天做了十几件善事。

如同幼儿学习走路，刚开始时走不稳，慢慢地锻炼自己，时间长了，走路就成了人的本能了。行善也是一个道理，改变观念也是一个道理。刚开始做不好，不知道怎么做，那么就做一点是一点，努力去做，时间长了就会形成自然本性。了凡通过积少成多的办法，逐渐养成自己行善的好品行，并因此影响到自己的妻子。

像这样到了癸未年（公元1583年）的八月，三千件善事的许愿，方才做满。又请了性空大师等在家里做回向。到那年的九月十三日，又起了求中进士的愿望，并且许下了做一万件善事的大愿。到了丙戌年（公元1586年），果然中了进士，吏部就补了我宝坻县县长的缺。

第二次发愿行三千件善事，袁了凡只用了四年时间就已完成，比第一次发愿完成善行快了六年，这也是严于律己的成果。

原 文

余置空格一册，名曰治心篇。晨起坐堂，家人携付门役，置案上，所行善恶，纤悉必记。夜则设桌于庭，效赵阅道焚香告帝。

我做宝坻县的县长时，准备了一本有空格的小册子，这本小册子，我称它为"治心篇"。意思就是提醒自己，严防自己起邪思歪念。因此，取"治心"二字。

每天早晨起来坐堂审案的时候，叫家里人拿这本"治心篇"

交给守门人，放在办公桌上。每天所做的善事、恶事，虽然极小，也一定要记在"治心篇"上。到了晚上，在庭院中摆了桌子，换了官服，仿照宋朝的铁面御史赵阅道，焚香祷告天帝。

焚香祷告是一种极高的礼，也代表至诚之心。古代帝王祭祀天地，都力求心与天地相合，这样才能达到祭祀的目的。《中庸》讲"至诚如神"[①]，《大学》讲："一家仁，一国兴仁；一家让，一国兴让"[②]，都是指一个人，一位君主与天地合德所形成的效应。

了凡先生这个"治心"的方法非常好，其实我们都可以加以运用，看看自己是否能够时刻观察到思想与观念的问题，时时改正。

[①]　冯映云.《中华文化经典读本》之八《中庸》[M]. 广州：暨南大学出版社，2013.

[②]　冯映云.《中华文化经典读本》之七《大学》[M]. 广州：暨南大学出版社，2013.

善在不同的境界有不同的体现

原 文

汝母见所行不多，辄颦蹙曰："我前在家，相助为善，故三千之数得完；今许一万，衙中无事可行，何时得圆满乎？"

你母亲（妻子）见我们所做的善事不多，常常皱着眉头跟我说："我从前在家乡帮你做善事，你所许下的三千件善事的心愿，才能够很快做完。现在你许了做一万件善事的心愿，但是衙门里地方太小，事情太少，没什么善事可做，那要等到什么时候，才能做完呢？"

原 文

夜间偶梦见一神人，余言善事难完之故。神曰："只减粮一节，万行俱完矣。"盖宝坻之田，每亩二分三厘七毫。余为区处，减至一分四厘六毫，委有此事，心颇惊疑。适幻余禅师自五台来，余以梦告之，且问此事宜信否？

晚上睡觉我做了一个梦，看到一位天神。我就将一万件善事不易做完的事情，告诉了天神。天神说："只是减免当地老百姓上交粮税这一件事，就已经足够抵得上做一万件善事的功德了。"

《金刚经》中就讲，"须菩提，我今实言告汝，若有善男子、善女人，以七宝满尔所恒河沙数三千大千世界，以用布施，得福多不？"须菩提言："甚多，世尊。"佛告须菩提："若善男子、善女人，于此经中，乃至受持四句偈等，为他人说，而此福德胜前福德。"①

释迦牟尼说：把金子、银子、玉、玛瑙等宝贝来填满像恒河沙数一样多的三千大千世界，并用于救济他人所积累的福德，虽然很多，但比不上告诉他人四句《金刚经》中的偈语所积累的福德。这个比喻就是告诉人们，用无数的财宝布施，让人得到世间的富贵与满足，不如让人明白真正修行的道理与佛法的精深微妙。用佛法去度脱他人并从本质上永远改变他人，是用所有财富布施、放生积累的功德无法比拟的。

由此可见，善在不同的层面与境界有不同的体现。所有善行的果报由于境界的不同也完全不同。

宝坻县的田本来每亩要收两分三厘七毫的税，我早就觉得百姓钱出得太多。所以就把全县的田清理一遍，将每亩田应缴的钱粮减到了一分四厘六毫，这件事情确实是有的。但也觉得奇怪，

---

① 赖永海. 金刚经·心经（佛教十三经）[M]. 陈秋平，译注. 北京：中华书局，2019.

怎么这事会被天神知道？这一件事情，就可以抵得了一万件善事吗？

那时候恰好幻余禅师从五台山来到宝坻，我就把梦告诉了禅师，并问禅师，这件事可以相信吗？

原 文

师曰："善心真切，即一行可当万善，况合县减粮，万民受福乎？"吾即捐俸银，请其就五台山斋僧一万而回向之。

幻余禅师说："做善事要心存真诚恳切，不可虚情假意，企图回报。那么即使只有一件善事，也可以抵得过一万件善事了。况且你减轻全县的钱粮税，全县的农民都得到你减税的恩惠，万民因此减轻了重税的痛苦，而获得很多的快乐与幸福！"

我听了禅师的话，就立刻把我所得的俸银薪水捐出来，请禅师在五台山替我布施斋食给一万僧众，并且把斋僧的功德来回向给大众。

命运掌握在自己手里

原文

　　孔公算予五十三岁有厄，余未尝祈寿，是岁竟无恙，今六十九矣。书曰："天难谌，命靡常。"又云："惟命不于常"，皆非诳语。

　　孔先生算定我到五十三岁时应该有灾难。我未曾祈天求寿，五十三岁那年，竟然一点病痛都没有，现在已经六十九岁了。《尚书》说："天道是人不容易理解和笃信的，命运也是无常的。"又说："天命并非是永恒不变的"，这些话，都是真实不虚的。

　　呼应前文改命的内容，能最大限度改变命运的两种方式就是行善或者行恶。其实在当今社会，如果我们能够在生活和工作中怀着无私奉献和利他之心，时时用善行和善念去要求自己，按照仁、义、礼、智、信的道德标准去待人接物，就是非常好的。能做到这样的话，我们的事业会顺利，福报也会逐渐增长！

原文

　　吾于是而知，凡称祸福自己求之者，乃圣贤之言。若谓祸福惟天所命，则世俗之论矣。

　　因此我才明白，凡是讲人的祸福都是自己的愿望求来的，这是圣贤人的看法。如果说祸福都是天所注定的，那是世俗人的看法。

　　这是两个层面的话，都说明了命运的定数是可以改变的。在《大学》中"惟命不于常"后文为"道善则得之，不善则失之矣"①，意思是"行正道便会得到上天眷顾，行不善则会失去眷顾"，这也与《老子》"天道无亲，常与善人"② 之所言相呼应。

　　改变命运的方法唯有行道德仁义。庸俗的人服从于命运，并且不愿意为社会与他人付出爱。他们妄自尊大，所以他们的命运不可改变，他们也认同这种不可改变的命运。而圣贤认为命运完全掌握在自己手上，因为他们是无私的，愿意主动为社会、为他人付出，他们博爱仁慈，那么也自然不会被命运所拘束。这也就是"命由我立"的真正原因。

---

　　① 冯映云.《中华文化经典读本》之七《大学》[M]. 广州：暨南大学出版社，2013.

　　② 冯映云.《中华文化经典读本》之十《老子》[M]. 广州：暨南大学出版社，2013.

务要日日知非，日日改过

原文

汝之命，未知若何？即命当荣显，常作落寞想；即时当顺利，当作拂逆想；即眼前足食，常作贫窭想；即人相爱敬，常作恐惧想；即家世望重，常作卑下想；即学问颇优，常作浅陋想。

你的命，不知究竟怎样？就算命中应该荣华发达，也要常常想到自己不得志、不顺利的时候；顺当吉利的时候，要常常想到自己不称心、不如意的时候；眼前有吃有穿，要想到没钱用、没有房子住的时候；就算别人喜欢你、敬重你，还是要常常小心谨慎，警惕自己会出错；就算我们家世代有名望，人人都尊重，还是要常常把自己摆在普通卑微的位置去思考；就算你学问高深，还是要保持谦虚，时时看见自己的不足。

这六种想法，是从反面的角度来看问题，能够这样虚心，道德水平自然会增进，福报也自然会增加。

原 文

远思扬祖宗之德，近思盖父母之愆；上思报国之恩，下思造家之福；外思济人之急，内思闲己之邪。

务要日日知非，日日改过；一日不知非，即一日安于自是；一日无过可改，即一日无步可进；天下聪明俊秀不少，所以德不加修、业不加广者，只为因循二字，耽搁一生。

从长远的角度来说，应该要想到把祖先圣人的道德正气，传扬开来。从近处着眼，父母若有过失，应当想到要替他们遮盖起来。向上应该知道报答国家的恩惠。向下应该承担造福一家人的责任。对待别人，要能够急人家之所急，努力帮助别人渡过难关。对自己，应该严防邪念，不可放松对自己的要求。

《论语》中有"父为子隐，子为父隐，直在其中矣。"[①]一句，为至亲隐恶扬善也体现了儒家"父慈子孝""爱有差等"的人伦思想，仁爱也是从"亲亲"开始，再到"仁民""爱物"。有别于法家的"不别亲疏，不殊贵贱，一断于法"[②]与墨家之"兼爱"思想。

这六种想法，都是从正面的角度来肯定问题，能够常常如此存心，必然能成为正人君子。

---

① 冯映云.《中华文化经典读本》之九《论语》[M]. 广州：暨南大学出版社，2013.

② （汉）司马迁. 史记[M]. 北京：中华书局，2011.

一个人必须要每天知道自己的过失，才能天天改过，若是一天不知道自己的过失，就一天天安安逸逸地以为自己没过失。如果每天都无过可改，就是每天都没有进步。天底下聪明俊秀的人实在不少，然而他们在道德上不肯用功去修，事业上不能用功去做，得过且过，不想前进，这才耽搁了自己的一生。

孔子说他的学生曾参一日三次反省自己的过失，这就是圣贤的作风。《大学》讲："自天子以至于庶人，壹是皆以修身为本。其本乱而末治者，否矣！"① 说明古代非常讲究修身、齐家、治国的关系，对一个人的品德要求很高。

现在很多人不愿意朝自己思想的深处反思，更没有竭力改过的愿望，总认为自己已经是天底下最好的人，自己比别人要好，也就没有可能想到要改变自己，这也是一个庸才与凡夫的典型思想。

原 文

云谷禅师所授立命之说，乃至精至邃、至真至正之理，其熟玩而勉行之，毋自旷也。

云谷禅师所教授的改变命运的道理，非常深刻透彻，是至真、

---

① 冯映云.《中华文化经典读本》之七《大学》[M]. 广州：暨南大学出版社，2013.

至正的道理，希望儿子你仔细地研究和体会，尽心尽力去做，千万不可虚度大好的光阴。

第二篇

改过之法

至诚合天，福之将至

原文

春秋诸大夫，见人言动，进而谈其祸福，靡不验者，左国诸记可观也。大都吉凶之兆，萌乎心而动乎四体，其过于厚者常获福，过于薄者常近祸；俗眼多翳，谓有未定而不可测者。至诚合天，福之将至，观其善而必先知之矣。祸之将至，观其不善而必先知之矣。今欲获福而远祸，未论行善，先须改过。

在春秋时代，各国的大臣常常通过观察一个人的言行举止，就可以推算出这个人可能遭遇到的吉凶祸福，并且非常准确。在《左传》和《国语》等书中都可以看到这些记载。

一个人吉祥和凶险的前兆，都是从人的心里萌发，并表现到人的表面上来，表现到人的肢体与言行上来。譬如一个人很厚道，那么他的全身四肢都会显得稳重，他也会获得很多福报。一个人尖酸刻薄，那么他的全身四肢都会显得轻佻，他就可能经常出事。

正所谓"相由心生，境随心转"，人的外表一定是内心的真实反映。一个人内心装满了恶的东西，他的表情一定有扭曲的地方；一个人内心装满了痛苦，他一定显得憔悴和少言寡语；一个人内心充满了爱与慈悲，他一定是满面慈祥、快乐；一个人富而有德，他一定是举止厚重、温和的；一个人权谋算计太多，一定是面色凝重，时刻提防着别人。

我们观察一个人，如果他做人非常老实厚道，诚实守信，那他一定会经常得到福报，得到他人的帮助。如果这个人做人非常刻薄尖酸、心胸狭隘，一定时常惹是生非，一定没有人愿意接近他、帮助他，其未来必定是非、烦恼缠身。

普通人意识不到这些行为体现的因果，就只能看到人的表面行为，而看不到问题的实质。因此就说人的祸福是没有定数的，而且也是无法预测的。

一个人能够做到非常诚实，说真话、办真事，毫无半点弄虚作假的行为，这个人的心就完全与善良的本性合为一体了。因此，一个人待人接物诚实而讲信用，福报就一定会降临到他的身上。所以，观察一个人，看到他的言行举止都是诚实的、纯善的、非常讲信用的，就可以预知他的未来一定会有福报降临。

相反，观察一个人，如果他的行为都是虚伪不实的，言行中充满欺骗、算计与狡诈，那么就可以预知到他的未来一定是祸端百出的。一个人如果想要获得吉祥福报、远离灾祸，就必须先下决心改正自己所有不好的思想，纠正自己所有不好的行为。自己的内心世界得到了纠正，才能真正地从善如流，才能真正地遵守与维护社会道德。

　　我身为一名心理咨询师也有些年资了，在我阅人的经历中也不乏通过修身养性、积极向上做善事来使自己和身边人变得更好的成功案例：

　　有一位年轻人很老实厚道，谦虚好学，虽然单位里很多人能力强于他，但他依然默默坚持自己踏实肯干、吃苦耐劳的风尚，最后这位年轻人迅速得到提拔，不到三十岁就当了处长。

　　有一位老板，创业前就一心想要改变家乡的落后面貌，带领父老乡亲致富。后来企业做大了，他将家乡的父老乡亲全部接出来到企业工作。再后来又把企业办到家乡去，解决更多人的就业问题。因为他为人谦虚诚实，讲信誉，企业便越做越大。

　　有对夫妻和对方家庭之间相处不太融洽，后来他们学习到了中华优秀的传统文化，明白了"敬其父，则子悦。敬其兄，则弟悦。敬其君，则臣悦"① 的道理之后，修复了家庭的关系，妻子甚至主动提出接公公婆婆到家里来一起生活，丈夫自然非常感谢她，对她也比以往更加爱护。

　　这些案例都说明人的内心与外界是对应的，而只有改变内心，才能真正地改变人生。

---

① 冯映云. 《中华文化经典读本》之一《孝经》[M]. 广州：暨南大学出版社，2013.

改过者第一要发羞耻心

原 文

但改过者，第一，要发耻心。思古之圣贤，与我同为丈夫，彼何以百世可师？我何以一身瓦裂？耽染尘情，私行不义，谓人不知，傲然无愧，将日沦于禽兽而不自知矣；世之可羞可耻者，莫大乎此。孟子曰："耻之于人大矣。以其得之则圣贤，失之则禽兽耳。"此改过之要机也。

纠正自己过失与错误的方法，第一是要发"羞耻心"。要思量古时候的圣贤，和我一样，都是男子汉大丈夫，为什么他们就可以流芳百世，成为世人的师表榜样？为什么我这一生就是默默无闻、狼狈不堪呢？

检讨起来，这都是因为自己过分贪图享乐，受到种种不健康的思想、不好的环境的诱惑与污染，偷偷做出了种种不应该做的事，还以为别人不知道。目无国法，毫无羞愧之心。天天沉溺于酒色财气之中，必然沉沦下去。有时候行为已经形同禽兽一样了，自己却还不知道。

世上令人可耻的事情，没有比这些更大的了。孟子说："一个人最大、最要紧的事情就是这个'耻'字。为什么呢？因为有羞耻之心，就会努力把自己的错误与过失改正，就可以由凡夫变成圣贤。若没有羞耻之心，就会放浪形骸，失掉人格，与禽兽无异了。"这些话都是纠正自己过失与错误的真正秘诀。

孟子讲的"耻"是个很广义的词，通常人们把有违道德伦常的事形容为可耻的事情，而这里孟子所说的"耻"是指人对不好的思想以及不正当的行为所产生的羞耻感，当然也包括那些违反道德的事情。

生活在现代社会的我们，应该向古代的圣贤学习，改掉自己生活中各种不良习惯，端正自己做人的行为，这也是为自己和子孙后代增福。

改命就必须改过，这是不二的事情。现代很多人通过改名字、改风水来达到改命的目的，那都不是真改，起到的也不是决定性的作用，真要改命运，必须改心。

如果只通过改名字、改风水来改命，其实都没有改变这个人本身的精、气、神。那么人体的精、气、神是否能靠吃药等来改变呢？可以说这是很微弱的一方面，真正有用的还是改心。凡是改心的人，会发现自己的精、气、神越来越强，感召力越来越强，生活越来越美好，越来越充满朝气。

"天行健，君子以自强不息"①，很多人理解"天行健"是行动，"自强不息"也是行动，其实是错误的，里面的因果

---

① 杨天才，张善文译注. 周易[M]. 北京：中华书局，2011.

关系、内外关系都错了。"天行健"讲的就是精、气、神饱满，能量充沛。"乾"卦的六爻都是阳爻，是指一种能量充沛的状态。"自强不息"则是在精、气、神状态饱满的情况下，自然而然地体现出来的朝气蓬勃的状态，一个生命既然朝气蓬勃，那也肯定处于行动力强的状态。

所以精、气、神充足的人，行动力强，不拖泥带水。说改就改，说做就做，如同"上士闻道，勤而行之"①。

---

① 冯映云.《中华文化经典读本》之十《老子》[M]. 广州：暨南大学出版社，2013.

❧ 一念定乾坤 ❧

原 文

　　第二，要发畏心。天地在上，鬼神难欺，吾虽过在隐微，而天地鬼神，实鉴临之。重则降之百殃，轻则损其现福；吾何可以不惧？不惟此也。闲居之地，指视昭然；吾虽掩之甚密，文之甚巧，而肺肝早露，终难自欺；被人觑破，不值一文矣，乌得不懔懔？不惟是也。一息尚存，弥天之恶，犹可悔改；古人有一生作恶，临死悔悟，发一善念，遂得善终者。谓一念猛厉，足以涤百年之恶也。譬如千年幽谷，一灯才照，则千年之暗俱除；故过不论久近，惟以改为贵。但尘世无常，肉身易殒，一息不属，欲改无由矣。明则千百年担负恶名，虽孝子慈孙，不能洗涤；幽则千百劫沉沦狱报，虽圣贤佛菩萨，不能援引。乌得不畏？

　　改过的第二个方法，是要有畏惧的心。要知道天地鬼神，都在我们之上。

　　鬼神和我们不一样，它们什么都看得到，所以人是欺骗不了鬼神的。我虽然可以在人看不到的地方犯错，但天地鬼神实际上就像拿着镜子照着我，把我的过失错误观察得清清楚楚。过失大了，就有种种的灾祸降到我的身上来。就算过失小，也要减损我现在的福报，我怎么能够不畏惧呢?

即使是在自己家里安静的地方，神明对我的监察，也仍然是一目了然的。

我虽然把过失遮盖得十分严密，掩饰得十分巧妙，但是我的心思早被神明看透，最终只能是自欺欺人。若是被亲朋好友、同事邻居看破了自己的思想与行为，自己就变得一文不值、毫无信用可言了。我又怎么可以不时常存着一颗畏惧神明的心呢?

古人信奉"举头三尺有神明"的鬼神之说，在今天已经带有封建迷信的色彩，但是鬼神理论对于古人约束自己的行为以及维持自身的道德水准也起到了一定的积极作用。

在生活中，有很多人通过求神拜佛以及算命、改风水的方式去求改命改运。有些人尝试过后觉得能起到一定效果，但如果只是以有求为目的祭拜，心是不诚的，不是发自心底的崇敬，这于改变命运而言，只是无用功。去敬畏神佛，敬畏释迦牟尼、老子、孔子这样的圣人的同时，要努力在德行和心性方面向他们看齐。仅仅只是求神拜佛，而不真正去为善和力行，不去修炼自己的身心，只会让人更加深陷执着的囹圄之中。

其实，一个人只要还活着，还有一口气在，就算是犯下滔天的罪过，都是可以诚心忏悔纠正过来的。

古时候有个人，做了一辈子的坏事。到他快死的时候，忽然悔悟，于是发了一个很大的善念，最后得以善终。

这就是说，人如果在关键时刻能够萌发一个非常真诚又强烈的善念，这一善念所产生的力量，就好比千年黑暗的山谷，只要有一盏明灯照耀进去，就可以把千年来的黑暗完全驱散了。所以过失不论是过去还是现在，只要能改，就是了不起的。

其实人在生活得苦不堪言的时候，就是物极必反的时候，这个时候人会因为对生命的无奈、对苦的难以承受而萌生出世修行的念头，这就是绝处逢生。如《易经·系辞传》讲"易穷则变，变则通，通则久"①，这个"穷"字就是走到极点了，必然变化。所以人想修行，想还本归真的念头是最珍贵的。

人世间的事情，往往是相对的。一个人生活得太好，衣食无忧，那么他很可能远离信仰，错失改变自己、升华自己的机会。如果一个人生活得太苦，则很可能因此萌生出世修行的念头，从而脱离苦海。

但是做人绝对不可以认为犯过可以改，就以为常常犯也不要紧。如果是这样，就是明知故犯，罪加一等。

人间变幻无常，我们这个血肉之身非常脆弱，也非常容易出问题。一口气喘不过来，这个身体就不是自己的了。到那个时候，就是想要改正自己的过错，也都来不及了。人死了以后，什么物质财富都带不走，唯有做恶事所欠的债，是一定要还的。

---

① 杨天才，张善文译注. 周易[M]. 北京：中华书局，2011.

因此，一个大恶之人，在人世间大家能看到的报应，要承担千百年的恶名。即使有孝顺、可爱的子孙后代，也不能替他洗清恶名。暗的报应在看不见之处，他的良心也如历千百劫、承受无量无边的痛苦，无人能够引渡他。这样的恶果，怎能不使我恐惧自己的过失呢？

改过应发大勇猛心，说到做到

原文

　　第三，须发勇心，人不改过，多是因循退缩；吾须奋然振作，不用迟疑，不烦等待。小者如芒刺在肉，速与抉剔；大者如毒蛇啮指，速与斩除，无丝毫凝滞，此风雷之所以为益也。

　　第三，一定要发大毅力、大勇猛心。一个人之所以有了过失还不肯改，都是因为得过且过，没有毅力。

　　人要改正自己的错误过失，一定要振奋精神，说改就改，切不可迟疑拖延，也不可以今天推明天，明天推后天，一直拖下去。小的过失，像针刺在肉里，要赶紧挑掉、拔掉。大的过失，像毒蛇咬到手指头一样的厉害，要赶紧切掉手指头，不可有丝毫犹豫延迟的念头。否则蛇毒在体内散开，人就会死。就像《易经》中的"风雷益"卦所讲，风起雷动，万物都生长起来，益处是这样的大。这是比喻人若能够纠正自己的过失转而行善，其益处是最大的。

　　古代医疗技术有限，只能通过立即切除以防蛇毒蔓延，现代有更先进的蛇毒急救方式，极大概率能保住性命，还能保住肢端，详情可咨询专业人士，不建议采用了凡先生所讲的方式。在此我也顺祝各位读者安康，希望你不会遇到如此危急的情况。

原 文

具是三心，则有过斯改，如春冰遇日，何患不消乎？然人之过，有从事上改者，有从理上改者，有从心上改者；工夫不同，效验亦异。

一个人如果具备以上所说的羞耻心、敬畏心、勇猛心这三种心，那么就能做到有过即改了。就像春天的薄冰，碰到太阳还怕不融化吗？但是改正人的过失，有从所做的事上去改的；有根据事物情况，从道理上去改的；有无论什么事情，都从自己的内心上去改的。所用的方法不同，所得到的结果自然也不会一样。

❧ 以慈悲心对待众生 ❧

原 文

如前日杀生，今戒不杀；前日怒詈，今戒不怒；此就其事而改之者也。强制于外，其难百倍，且病根终在，东灭西生，非究竟廓然之道也。

译文

譬如说前天杀了活的东西，今天起不再杀生了；前天发了火骂人，今天起不再发火了。这种就是从事情的本身来改错，禁止再犯的方法。但是勉强压住，暂时不再犯，比自然而然地改，永不再犯要难百倍。由于犯过的病根没有去掉，仍在心里，虽然一时勉强压住，终究还是要暴露出来的，不是彻底的改过方法。

原 文

善改过者，未禁其事，先明其理；如过在杀生，即思曰：上帝好生，物皆恋命，杀彼养己，岂能自安？且彼之杀也，既受屠割，复入鼎镬，种种痛苦，彻入骨髓；己之养也，珍膏罗列，食过即空，蔬食菜羹，尽可充腹，何必戕彼之生，损己之福哉？又思血气之属，皆含灵知，既有灵知，皆我一体；纵不能躬修至德，使之尊我亲我，岂可日戕物命，使之仇我憾我于无穷也？一思及此，将有对食伤心，不能下咽者矣。

肯努力纠正自己错误的人，在一件事情还没有被禁止之前，在他没有明白错误的原因之前，先要让他明白这事不能做的道理所在。譬如一个人，所犯的过失是杀生，那么他就应该想到：上天有好生之德，凡是有生命的，都会爱惜生命而且惧怕死亡。杀了它的生命，来养我的身体，能心安吗？

而且有些东西，虽已被杀，但是还没有完全死。像鱼和毛蟹之类，在半死半活的时候放进锅里烧，这样的痛苦，一直要透到骨髓里。你看罪过不罪过呢？而为了自己的食欲，就用山珍海味做菜，摆满了桌。但是一经吃过，便成渣滓，什么都没有了。要知道蔬菜素食，都可以满足人的营养，都可以充饥，何必一定要去伤害生命，造杀生的罪孽，损伤自己的福报呢？

凡是有血气、有生命的东西，都有灵性知觉，跟我们人是一样的。像古时候的圣人大舜，他种田的时候有大象替他犁田，有鸟帮他拔草。就算我不能修到道德极高的地步以使这些生命都来尊重我、亲近我，又怎能天天去伤害生命，使它们与我结仇，无休无止地恨我呢？每当我想到这些，就会对桌上有血肉、有生命的菜肴，感到伤心而不能下咽了。

我们需辩证看待食肉与杀生之间的关系。文中提到的圣人大舜在后文中也有一个传扬千古的捕鱼的故事。由此可见，仁民爱物的大舜也并没有食肉杀生的概念，只是天生万物，取而用之，况且当时的耕种技术并不足以代替采集和捕猎以匹配人们对食物的需求。他在捕鱼的过程中见到不足龄的小鱼，也会将其放归自然，同时也倡导大家这么做，这样可以使得民众长期有鱼吃。

84

而文圣孔子也是如此，他在渔猎的同时"钓而不纲，弋不射宿"①，意思是他钓鱼而不网鱼，射鸟时不射栖息的鸟。有人觉得这是体现他渔猎技术之高超或出于兴致而渔猎，但其核心是为了保护自然资源，不因满足食肉的欲望而滥杀生灵。

若放在当今，了凡先生肯定是一位妥妥的素食主义者，其爱护生灵的思想是有可取之处的。而从现今营养学的角度看，荤素搭配获取的营养也是更全面的。我们身为万物灵长也切不可磨灭对万物的敬畏和爱护之心，《朱子治家格言》中也讲："勿贪口腹而恣杀牲禽"②，我们需要辩证看待本段内容，在补充营养、享受美味的同时也要按需取用、避免浪费。

---

① 冯映云.《中华文化经典读本》之九《论语》[M]. 广州：暨南大学出版社，2013.

② 朱柏庐. 朱子家训[M]. 湘子，注. 长沙：岳麓书社，2015.

如何忍辱

原文

如前日好怒，必思曰：人有不及，情所宜矜；悖理相干，于我何与？本无可怒者。又思天下无自是之豪杰，亦无尤人之学问；有不得，皆己之德未修，感未至也。吾悉以自反，则谤毁之来，皆磨炼玉成之地；我将欢然受赐，何怒之有？

譬如像前天突然发脾气，应该想到：人各有各的长处，也各有各的短处。要体恤他人的苦恼，原谅他人的短处。若是有人故意冒犯了我，错在他，我守住自己的心性不跟他一般见识，自然就不会发怒了。

你看天下绝对没有哪个英雄豪杰是自以为是的人，所以自以为是的人一定不是英雄豪杰。天下也绝对没有怨恨别人的学问。因为真正有学问的人，一定是非常谦虚的，而且能严于律己，宽以待人。

因此，一个人在生活中事事处处不能称心，都是因为自己的道德没修好，感动人的能量也就不够。所以我经常反过来检讨自己，看自己哪里出了问题。

所以当别人毁谤我时，反而成了我发现自己心性哪里出了问题的机会，反而成了磨炼我心性的机会，反而成了雕琢和成就我的教育场所。我因此欢欢喜喜、高高兴兴地接受别人对我的教训、批评，哪里还会有对他们的怨恨呢？

> 能认识到矛盾是众生成就自己的机会，能将矛盾转化成提高自己心性道德的机会，这种对修行的认识已经非常了不起了。一个真正的修行人就应该像了凡先生一样去对待自己，改过就是修身。

原　文

又闻谤而不怒，虽谗焰熏天，如举火焚空，终将自息；闻谤而怒，虽巧心力辩，如春蚕作茧，自取缠绵；怒不惟无益，且有害也。其余种种过恶，皆当据理思之。

此理既明，过将自止。

听到别人说自己坏话而能够不生气，尽管坏话、诽谤的话铺天盖地说得很厉害，只要自己心不动，那就如同拿火来烧天一样，没有用处，火也自然会熄灭。

若是听到别人说自己坏话就生气，就算你有道理，用尽心思，尽力去辩解，结果却是作茧自缚，自讨苦吃，把自己陷在矛盾中了。所以面对矛盾而生气，徒劳无益。至于其他种种的过失和罪恶，也都应该按照这个道理，细细去思考。

以上所说的种种道理若能够明白，那就自然而然不会犯过失了。

忍辱的目的不是为了咽下一口气，而是在忍辱时能够坦然对待。时刻把别人说的话作为提高自己的一面镜子，把别人的诽谤当成是在成就自己，心里存的是感激，也就根本没有忍辱的难受了，无怨无恨，更不会去计较别人是否故意了。所以在受到侮辱时能够坦然对待，不觉得自己是在忍辱，已经是极高的心性修为了。

当今世人往往比较脆弱，也容易被贪、嗔、痴、慢、疑所影响，遇到问题就爆发，凡事都爱据理力争，实际上就是掩盖自己的虚荣心、争斗心、好胜心、炫耀心、妒忌心等，也就达不到坦然的境界。用自己理解的儒、释、道三家道理去跟别人辩，或者先用这些道理把别人难住，其实就是复杂思想的体现，目的都是掩盖自己，不愿改正自己，这个更加可怕。人一旦心存伪饰，就很难理喻。

忍是心上放着把刀，本身就非常难受。辱更是指人格受到侮辱、身体受到侵犯或是思想受到歪曲。所以能忍辱的人需要超常的心性才能真正做到。忍辱的目的不是忍住本身，而是为了放下，达到无怨无恨，从而超越矛盾。所以忍辱要求很高的心性。上面所说的忍辱，实际上是在感觉被辱之时，换一个角度思考，并且迅速做到，就能在心性与内心上很快超越矛盾本身。

过有千端，惟心所造

原 文

何谓从心而改？过有千端，惟心所造；吾心不动，过安从生？学者于好色、好名、好货、好怒、种种诸过，不必逐类寻求；但当一心为善，正念现前，邪念自然污染不上。如太阳当空，魍魉潜消，此精一之真传也。过由心造，亦由心改，如斩毒树，直断其根，奚必枝枝而伐，叶叶而摘哉？

什么是从心上去纠正错误与过失呢？人的过失，有千千万万种，万事由心造。我的心不动，就什么事情都不会造出来，那么过失还会从何处生出来呢？

拿读书人来说，有的人过分喜欢美色，有的人过分喜欢名声，有的人过分喜欢财物，有的人过分喜欢发火……像这样种种的过失，不必一一寻找。只要内心常怀正念，一心一意地遵守道德，发善心、做善事，邪恶的念头自然就污染不上了。好比太阳当空，所有的黑暗自然全部消失。这就是最精纯而唯一的修心改过的真正诀窍。

须知道人所有的问题、所有的过失全部是由这颗心造成的，因此也应该从这颗心上来解决。好比铲除毒树一样，要铲就连根铲除，铲得干净利落，才不会再长出来，也就没有必要一枝一叶地修剪了。

名、利、色、欲、喜、怒、哀、乐、贪、嗔、痴、慢、疑均是人犯错误的原因所在。然而，人若存心向善，有好的思想、好的品行、维持积极的心态，这个人就会不断强大起来，不好的思想自然会越来越少，这是必然的道理。

原 文

大抵最上者治心，当下清净；才动即觉，觉之即无。苟未能然，须明理以遣之；又未能然，须随事以禁之；以上事而兼行下功，未为失策。执下而昧上，则拙矣。

改过就是修心，最好的办法就是从心上入手。心能看得住，当下就可使心变得清净。心能看得住，不好的念头一动，自己立刻就发觉了。自己发觉了，就可以立刻把心与思想停住不动。心不动，那么坏念头便消失，也就不会再犯了。

能看得住自己的起心动念是自制力强大的体现，人也就更能控制自己的言行，避免不良的观念和习气的影响，那么自己的心也自然会清净下来，也会产生超常的定力。

如果不能做到，那么唯有明白所犯过失的道理，从而把所犯的过失改正。如果这样也做不到，那么只好在出现过失时，用暂时忍住的方法，来禁止不犯。

如果同时应用直接从内心上来纠正错误与过失的高标准方法，与犯了过失和错误后采取强行禁止的笨拙办法，也是完全可以的。如果仅仅是用下等方法来纠正自己的过失，而不去用最好的方法，那就是愚昧了。

知止而后有定，定而后能静

原文

顾发愿改过，明须良朋提醒，幽须鬼神证明；一心忏悔，昼夜不懈，经一七、二七，以至一月、二月、三月，必有效验。

所以，自己发愿改过，能得到大家的帮助最好。在明面有真正的益友在你糊涂的时候时常来提醒你，在暗中神佛也会对你严格加持看护。每天从早到晚，一心一意地虔诚忏悔，绝不放松。以七天为一个周期，经过一个七天、两个七天，直到一个月、两个月、三个月……如此持续下去，一定会有效果的。

原文

或觉心神恬旷；或觉智慧顿开；或处冗沓而触念皆通；或遇怨仇而回嗔作喜；或梦吐黑物；或梦往圣先贤，提携接引；或梦飞步太虚；或梦幢幡宝盖，种种胜事，皆过消罪灭之象也。然不得执此自高，画而不进。

坚持这样虔诚地去忏悔自己的过失，你一定会感觉到心旷神怡，心胸开阔；或觉得忽然智慧大开；或者处在事务繁忙、疲劳之际，思维却有条有理，轻而易举就能把事情办好；或碰到冤家对头，能以德报怨，将怨恨转化为欢喜；或是在梦里，感觉吐出肮脏的东西来；或是梦到古代的圣贤来提拔自己、接引自己；或是梦见自己飞到虚空中去，逍遥自在；或是梦见天国世界的各种幢幡宝盖。

坚持忏悔并纠正自己的过失，享受到的益处远不止这些，人的烦恼会越来越少，会时刻处于祥和快乐的状态中。而且伴随着自己的这种变化，无论是家里人还是周围的朋友，都会随着你的改变而改变。

部分人喜欢从为私为己的角度出发认识问题，也喜欢从负面的角度来观察社会，认为"马善被人骑，人善被人欺"。只要一个人头脑里有这种思想，其本身的善行一定是虚伪不实的，而且一定是个眼睛向外的人。一个真正向内改过行善的人，他体验到的绝对不是被人欺，而是充满祥和、心胸广阔的。正行与邪思，他们的感受与体验也完全不一样。

这种种殊胜的事情，都是过失消除、罪孽灭去的好征兆。但是也不能因为碰到这些好征兆，就骄傲自满、自以为了不起，而不再努力奋进了。

原文

昔蘧伯玉当二十岁时，已觉前日之非而尽改之矣。至二十一岁，乃知前之所改，未尽也；及二十二岁，回视二十一岁，犹在梦中，岁复一岁，递递改之，行年五十，而犹知四十九年之非，古人改过之学如此。

春秋时代卫国的贤大夫蘧伯玉，在二十岁的时候，已经能时时反省自己的过失，并完全改掉。到了二十一岁的时候，又觉得从前所改的过失并不彻底。到了二十二岁，再回忆二十一岁时，还觉得那时就像在梦中一般。像这样一年一年地过去，一年一年地逐步改过，直到五十岁那年，还觉得过去的四十九年都是有过失的。古人就是这样严格纠正自己过失的。

"境随心转"有多层含义。一般人是心随境转，别人说什么，自己就认为是什么；或者环境是什么，他就是什么；喜怒哀乐如何，他就如何；没有办法去改变环境、改变别人。

一般来说，身弱的人，也就是精、气、神弱的人，肯定是这种状态，很容易被别人带动。精、气、神很强的人，心不容易动，但也会出现不容易改错的现象，因为自己强，所以自我与我执就强，也就更难放下自我。心放不下，自然也改变不了环境。正如《论语》讲"过犹不及"①。

---

① 冯映云.《中华文化经典读本》之九《论语》[M]. 广州：暨南大学出版社，2013.

《大学》讲："知止而后有定，定而后能静"①，这个很关键。圣人、得道的人都是能知止的人。"止"是什么呢？就是最后的目标，圆满的标准，终极之道。所以知道最后的目标是什么，人的心自然能定下来，也就能朝一个方向去走，不会再波动。所以这个"止"，如定海神针，任波涛汹涌，岿然不动。圣贤与得道的人，他们去掉了我执与各种心后，说的话不变，心也不动。举例说，道就是深山的庙，它立在荒山野岭，但是众生去朝拜他。而术呢？是广告，跑到世间来，推广宣传，人多势众，以壮其道，人要什么，他就说什么。

"知止"的另外一个意思是，知道怎么停止这个妄念，知道要去止什么。能做到停止这个妄念，人自然也就定下来了，不会再生妄念。

"境随心转"，而人心也要依循道的指引，正如《尚书》中说的："人心惟危，道心惟微；惟精惟一，允执厥中。"②大意为：人心危殆，而道心细致入微，无所不察，需一心一意向着正道精进，不偏不倚地执中而行。所以《大学》也非常强调"慎独"。

你的思想到哪一层，你的定力、你的信力、你的觉悟也到哪一层，就有多大的环境被你转动。例如释迦牟尼、老子、

---

① 冯映云.《中华文化经典读本》之七《大学》[M]. 广州：暨南大学出版社，2013.

② 顾迁译注. 中华经典藏书：尚书[M]. 北京：中华书局，2016.

孔子都讲了从他们的境界和角度出发所认为的做人标准，正所谓"人能弘道，非道弘人"①，是人去符合这个标准而不是这个标准来符合人，所以你符合了他们的标准，你就符合了道。

很多人被家庭烦恼带动，所以总是指责妻子或者丈夫，这就是自己的心念与境界不够，带动不了对方改变，同时自己也烦恼重重。

我曾以《了凡四训》书中所说的方法帮助了很多家庭或人际关系出现问题的人，结果大部分人的家庭关系和人际关系都很快地改善了，这就是境随心转在处理家庭关系方面的具体体现。

---

① 冯映云.《中华文化经典读本》之九《论语》[M]. 广州：暨南大学出版社，2013.

小人远君子，拒闻正信

原 文

　　吾辈身为凡流，过恶猬集；而回思往事，常若不见其有过者，心粗而眼翳也。然人之过恶深重者，亦有效验：或心神昏塞，转头即忘；或无事而常烦恼；或见君子而赧然消沮；或闻正论而不乐；或施惠而人反怨；或夜梦颠倒，甚则妄言失志；皆作孽之相也，苟一类此，即须奋发，舍旧图新，幸勿自误。

　　我们都是平凡之辈，过失罪恶，就像刺猬身上的刺一样，满身都是，已经习以为常了。而回想做过的事，常常还觉得自己比别人好，看不到自己有什么过失。这是因为粗心浮躁，不知道如何自我反省。就像眼睛被蒙上了，看不到自己哪里犯了错误。

　　可是，一个人做了多大的罪孽、有多大的过失，都是能从行为表现上找到证据的：或者是思想混乱、思想堵塞，精神萎靡不振，随便什么事转头就忘记了；或者是天天无事而觉得非常烦恼；或者是见到品德高尚的君子，便觉得难为情、垂头丧气，甚至不想接近他；或者是听到关于行善积德、修行学佛、因果轮回的正理，反倒觉得不舒服、不高兴；或者是自己施恩惠给别人，对方不领情反而怨恨你；或者是夜里做些颠三倒四的噩梦，甚至语无伦次失掉常态。像这样种种不正常的现象，都是作孽深重的表现啊！

如果你有上面所说的这些情形，就应该即刻提起精神、奋发向上，把过去的种种过失一起改掉，开辟一条新的人生大道，千万不可自己耽误自己！

夫妻争吵、儿女不孝、财物经常丢失、急躁暴躁、忧郁胸闷、体会不到生活的美好等等问题，这些都是负能量循环的结果。

《礼记·大学》说："小人闲居为不善，无所不至；见君子而后厌然，掩其不善而著其善。人之视己，如见其肺肝然，则何益矣？此谓诚于中，形于外。"大意是说小人常做不善的事，肆无忌惮；一见到君子就往往躲得远远的，赶紧把自己的过失与问题掩盖起来，表现得很善良以掩饰自己心灵的肮脏。然而明眼人可以察觉出来，犹如看见他的脏腑一样，这样做有什么益处呢？这就是内心的真实会在外在体现出来。

小人表面上跟君子一样，心里却是相反的。对改善心灵的方式会嗤之以鼻甚至打击、诽谤。

第三篇

积善之方

❧ 积善之家，必有余庆 ❧

原 文

易曰："积善之家，必有余庆。"昔颜氏将以女妻叔梁纥，而历叙其祖宗积德之长，逆知其子孙必有兴者。孔子称舜之大孝，曰："宗庙飨之，子孙保之。"皆至论也。试以往事征之。

《易传·文言传·坤文言》说："积善之家，必有余庆。"就是说一家人如果都懂得行善积德，那这一家人一定充满快乐，生活质量很高，并且丰衣足食。

孔子的外公颜襄是位大学者，他将孔子家祖先所做的善事，一件一件都摆出来，觉得孔家祖先所积累的福德深厚，预知孔家的子孙将来必定会兴旺发达，所以就把自己的女儿许配给孔子的父亲叔梁纥做妻子。

孔子称赞舜的孝道，是最大的孝道。孔子说："像舜这样大孝的人，不但要享受民众的祭祀朝拜，而且他世世代代的子孙都可以保住、享受他的福德，不会败落。"春秋时代的陈国，就是舜传下来的子孙，足以证明舜的后代兴旺的时间相当长久，这都是非常确实的说法啊！现在我再以过去发生的真实事情，来证明积善的功德与效果。

中国人讲孝道，首先要推崇舜。舜是尽孝的模范，我们一定要向他学习。舜的母亲死后，他父亲续弦了。舜的继母对他非常不好，他父亲受了继母的影响，和继母以及继母生的弟弟伙同起来，以恶念对待他，几次要置他于死地。家庭环境非常恶劣，可是舜非常孝顺。在他心目当中，他没有看到父母、兄弟对他的不好，总觉得是自己做得不好，才让父亲、继母和弟弟不喜欢，于是天天改过自新。这样过了二十年，才感化了全家人。这种行为就叫大孝，这是真正的孝顺。

❦ 救人如救己 ❧

原文

　　杨少师荣，建宁人。世以济渡为生，久雨溪涨，横流冲毁民居，溺死者顺流而下，他舟皆捞取货物，独少师曾祖及祖，惟救人，而货物一无所取，乡人嗤其愚。逮少师父生，家渐裕，有神人化为道者，语之曰："汝祖父有阴功，子孙当贵显，宜葬某地。"遂依其所指而窆之，即今白兔坟也。后生少师，弱冠登第，位至三公，加曾祖、祖、父，如其官。子孙贵盛，至今尚多贤者。

　　少师杨荣，是福建省建宁人，他家世代以摆渡为生。有一次，雨下得太大、太久，山洪暴发。水势汹涌、横冲直撞，把民房都冲毁了，被淹死的人的尸体顺着洪水一直流下来。别的船家都去捞取水中漂来的各种财货，只有杨少师的曾祖父和祖父，专门去救水里漂来的灾民，而财物一件都不捞，乡人都偷笑他们是傻瓜。等到杨少师的父亲出生后，家境就渐渐地富裕了。有一位神仙化作道士的模样，对杨少师的父亲说："你的祖父和父亲，都积了许多阴功，所生的子孙应该发达做大官，你可以将你的父亲葬在某一个地方。"杨少师的父亲听了，就照道士所指定的地方，把他的祖父和父亲葬下。这座坟，就是现在大家所知道的白兔坟。

后来杨少师出生了，到了二十岁就中了进士，一直做官，位至三公。皇帝还追封他的曾祖父、祖父、父亲为与杨少师一样的官位。而且杨少师的后代子孙都非常兴旺，一直到现在还有许多贤能之士。

古代太子的老师称为少师，杨荣从中进士之后一直当官当到了少师，后人就在他的姓名中加上少师，称呼为"杨少师荣"，以赞扬他曾经得到的功名。

在危难的时候，最能看出人心。在灾难中有的人贪婪，有的人自私，有的人行恶，而有的人却能继续坚持善良的行为。各种行为均会影响后来的果报。在灾难中能放下自己，全心全意去救助老、弱、病、残与孤寡，不但是帮助别人，也是在给自己与子孙后代积累福报。

有积德的意念去行善，固然比自然而然地去行善稍逊，但人可以通过不断要求自己去积德行善，最后达到自然而然行善。《中庸》讲："诚者，天之道也；诚之者，人之道也。诚者，不勉而中，不思而得，从容中道，圣人也；诚之者，择善而固执之者也。"① 一个是天性就诚，一个是逐渐做到诚；一个顿悟，一个渐悟。又云："或生而知之，或学而知之，或困而知之，及其知之，一也。或安而行之，或利而行

---

① 冯映云.《中华文化经典读本》之八《中庸》[M]. 广州：暨南大学出版社，2013.

之，或勉强而行之，及其成功，一也。"① 说明不论通过如何的历程，能切切实实地行善，养成高尚的品德，成就美好的人生，便是好的。

---

① 冯映云.《中华文化经典读本》之八《中庸》[M]. 广州：暨南大学出版社，2013.

杨自惩为吏

原文

郑人杨自惩,初为县吏,存心仁厚,守法公平。时县宰严肃,偶挞一囚,血流满前,而怒犹未息,杨跪而宽解之。宰曰:"怎奈此人越法悖理,不由人不怒。"

自惩叩首曰:"上失其道,民散久矣,如得其情,哀矜勿喜;喜且不可,而况怒乎?"宰为之霁颜。

浙江宁波人杨自惩,起初在县衙做文书。他心地非常善良厚道,而且执法做事公平公正。当时的县长,为人严厉方正。有一次偶然打了一个囚犯,一直打到血流满地,县长还是不息怒。杨自惩就跪下,替囚犯向县长求情,请县长宽谅那个囚犯。县长说:"这个囚犯,不守法律,违背道德伦理,坏事做得太多,怎么能不叫人愤怒啊!"

杨自惩叩头在地,说:"朝廷政治一片黑暗,官员贪污、腐败、草菅人命,百姓对朝廷已经没有信心了,民不聊生,为了生计只好铤而走险。大人作为一县的父母官,负有教育感化乡民的责任,知道了罪犯犯罪的案情,加以重判是应该的。但大人应该怜悯他愚昧无知才对,不可因为审出了案情,就生欢喜心。欢喜尚且不可，又怎么可以发怒呢？"那县长听了杨自惩的话，情绪立即和缓下来，不再发怒了。

原 文

家甚贫，馈遗一无所取，遇囚人乏粮，常多方以济之。一日，有新囚数人待哺，家又缺米；给囚则家人无食；自顾则囚人堪悯；与其妇商之。

妇曰："囚从何来？"

曰："自杭而来。沿路忍饥，菜色可掬。"

因撤己之米，煮粥以食囚。后生二子，长曰守陈，次曰守址，为南北吏部侍郎；长孙为刑部侍郎；次孙为四川廉宪，又俱为名臣；今楚亭、德政，亦其裔也。

杨自惩的家里很穷。但是别人送他东西，他一概不肯接受。碰到囚犯没有饭吃，他想方设法去弄一些米来救济他们。有一天来了几个新的囚犯，没有东西吃，非常饿。他自己家里刚巧也缺米，若是拿来给囚犯吃，那么自己家人就没得吃了。如果只顾自己吃，那些囚犯又饿得很可怜，他便同妻子商量怎么办。

他的妻子问他说："犯人从什么地方来的？"

"从杭州来的。他们沿途挨饿，面黄肌瘦，十分可怜。"

因此，夫妇俩就把米煮成稀饭分给新来的囚犯吃，自己家也吃稀饭。后来他们生了两个儿子，大的叫做守陈，小的叫做守址，做官一直做到南北吏部侍郎；大孙子做到刑部侍郎，小孙子也做到四川按察使。两个儿子、两个孙子，都是当时有名的贤臣。现在朝廷中的官员楚亭和德政，都是杨自惩的后裔。

一个朝廷的小官吏，敢于在上级面前批判朝廷政治黑暗、草菅人命，而且上级还感谢他指出自己的问题。如今，有部分人一味追逐利益，奉行"人为财死、鸟为食亡"的思想，贪污腐败，就是在自掘坟墓，贪污于国于民都是大害。同时我们从这个案例里面可以看到，过去的清官很注重自己的德行，稍微有过失都会及时纠正。

❧ 不可滥杀无辜 ❧

原文

昔正统间，邓茂七倡乱于福建，士民从贼者甚众；朝廷起鄞县张都宪楷南征，以计擒贼，后委布政司谢都事，搜杀东路贼党；谢求贼中党附册籍，凡不附贼者，密授以白布小旗，约兵至日，插旗门首，戒军兵无妄杀，全活万人；后谢之子迁，中状元，为宰辅；孙丕，复中探花。

明朝英宗正统年间，有一个土匪首领叫作邓茂七（邓茂七是明朝农民起义军领袖。原名邓云，福建沙县人。公元 1448 年聚众在沙县城西南陈山寨起义，自称"铲平王"，次年率众攻延平，中伏阵亡），在福建一带造反。福建的读书人和老百姓，有很多跟随他一起造反。

皇帝就起用曾经担任都御使的鄞县人张楷，去搜剿他们。张楷用计谋把邓茂七捉住了。后来张楷又派了福建布政司的一位谢都事，去清剿剩下来的土匪。但是谢都事担心发生"有杀错，不放过"的情况，便到各处寻找贼党的花名册。

凡是加入了贼党，而花名册中又没有名字记录的人，谢都事就暗中给他们发一面白布小旗，告诉他们说："搜查贼党的官兵到的那一天，就把这面白布小旗插在自己家门口，表示你是清白的民家。"

　　有一万多人因此避免被杀。后来谢都事的儿子谢迁，中了状元，官做到宰相。而且他的孙子谢丕，也中了探花，就是第三名的进士。

❧ 持续的善心 ❧

原 文

　　莆田林氏，先世有老母好善，常作粉团施人，求取即与之，无倦色；一仙化为道人，每旦索食六七团。母日日与之，终三年如一日，乃知其诚也。因谓之曰："吾食汝三年粉团，何以报汝？府后有一地，葬之，子孙官爵，有一升麻子之数。"

　　其子依所点葬之，初世即有九人登第，累代簪缨甚盛，福建有"无林不开榜"之谣。

　　在福建省莆田县的林家，他们的先辈中，有一位老太太喜欢做善事，时常做粉团给穷人吃。只要有人向她要，她就立刻给，从来没有表现出一点厌烦的样子。

　　有一位仙人，变作道士的模样，每天早晨向她讨六七个粉团。老太太每天给他，一连三年，天天如此，从没有厌倦过。仙人晓得她做善事的诚心，就跟她说："我吃了你三年的粉团，要怎样报答你呢？这样吧，你家后面有一块地，若是你死后葬在这块地上，将来你子孙中做官的，会有一升麻子那样多。"

　　后来老太太去世了，她的儿子依照仙人的指示，把老太太安葬好。林家的子孙第一代就有九人中了进士，后来世世代代，做大官的人非常多。因此，福建省竟有一句"如果没有林家的人去赴考，就不能发榜"的传言。

∾ 出至诚心 ∾

原 文

冯琢庵太史之父，为邑庠生。隆冬早起赴学，路遇一人，倒卧雪中，扪之，半僵矣。遂解己绵裘衣之，且扶归救苏。梦神告之曰："汝救人一命，出至诚心，吾遣韩琦为汝子。"及生琢庵。遂名琦。

冯琢庵太史的父亲在县学里上学。冬天一个寒冷的早晨去上学时，碰到一个人倒在雪地里，他用手摸摸，发现那人几乎快要冻死了。冯老先生马上就把自己穿的皮袍脱下来替他穿上，并且扶他到家里，把他救醒。冯老先生救人后，就做了一个梦，梦中有一位天神告诉他说："你救人一命，完全出自一片至诚的心，所以我要派韩琦投胎到你家来做你的儿子。"等到后来琢庵出生了，就取名叫作冯琦。

冯琦是一位正直的好官员，也是一位诗人，"琢庵"是他的号。韩琦是宋朝人，英宗、神宗时候，他做过十年宰相，也做过元帅，是一位文武双全的大人，深得当时及后世人的尊敬，跟范仲淹齐名。

∾ 维护他人名节 ∾

原文

台州应尚书，壮年习业于山中。夜鬼啸集，往往惊人，公不惧也；一夕闻鬼云："某妇以夫久客不归，翁姑逼其嫁人。明夜当缢死于此，吾得代矣。"公潜卖田，得银四两。即伪作其夫之书，寄银还家；其父母见书，以手迹不类，疑之。既而曰："书可假，银不可假；想儿无恙。"妇遂不嫁。其子后归，夫妇相保如初。

尚书应大猷，浙江台州人，壮年的时候在山中寺院里读书。夜里，一些鬼常聚在一起做鬼叫来吓唬人，只有应公不怕鬼叫。一天晚上，应公听到一个鬼说："有一个妇人，因为丈夫出门到外地去了，很多年没回来。她的公婆以为儿子已经死了，所以就逼儿媳妇改嫁。但是妇人深爱自己的丈夫，不肯改嫁，就想上吊自杀。明天晚上，她要在这里上吊，我可以找到一个替身了。"

应公听到这些话，动了救人的心，就偷偷回去把自己的田卖了四两银子，马上以她丈夫的名义给这个妇人写了一封信，并把银子也寄给了他们家。其父母看了信以后，因为笔迹不像，所以怀疑信是假的。但随后他们又说："信可以是假的，但是这银子不假呀！儿子一定是很平安，才会把银子寄回来。"

他们想到儿子没有死，就不再逼儿媳妇去改嫁了。后来他们的儿子回来了，这对夫妇的名节得以保全，重新过上了安稳的生活。

原文

公又闻鬼语曰："我当得代，奈此秀才坏吾事。"

傍一鬼曰："尔何不祸之？"

曰："上帝以此人心好，命作阴德尚书矣，吾何得而祸之？"

应公因此益自努励，善日加修，德日加厚；遇岁饥，辄捐谷以赈之；遇亲戚有急，辄委曲维持；遇有横逆，辄反躬自责，怡然顺受；子孙登科第者，今累累也。

隔天晚上，应公又听到那个鬼说："我本来可以找到替身了，哪知道被这个秀才坏了我的事。"

旁边一个鬼说："你为什么不去祸害他呢？"

那个鬼说："天帝因为这个人良心很好，已经派他去做阴德尚书了，我怎么还能再害他呢？"

应公听了这两个鬼所讲的话以后，就更加努力行善，善事一天一天去做，功德也一天一天地增加。碰到荒年的时候，他每次都捐粮食救人；碰到亲戚有急难，他一定想尽办法帮助人家渡过难关；碰到别人侮辱、诽谤自己，总是反省自己的内心，责备自己的过失，心平气和地对待别人。因为应公能够这样做人，所以他的子孙后代当中，登科及第的人才非常多。

❧ 善必有报 ❧

原文

　　常熟徐凤竹栻，其父素富，偶遇年荒，先捐租以为同邑之倡，又分谷以赈贫之，夜闻鬼唱于门曰："千不诓，万不诓；徐家秀才，做到了举人郎。"相续而呼，连夜不断。是岁，凤竹果举于乡，其父因而益积德，孳孳不怠，修桥修路，斋僧接众，凡有利益，无不尽心。后又闻鬼唱于门曰："千不诓，万不诓；徐家举人，直做到都堂。"凤竹官终两浙巡抚。

　　江苏省常熟县有一位徐凤竹先生，他的父亲本来就很富有。偶然碰到了饥荒之年，他父亲就把应收的田租全部捐掉，作为全县有田人的榜样。同时又把自己原来积蓄的稻谷，拿出去救济穷人。有一天夜里，他父亲听到有一群鬼在门口唱道："千也不说谎，万也不说谎，徐家做秀才的儿子，快要做到举人了。"

　　这一年，徐凤竹去参加乡试，果然考中了举人。他的父亲因此更加高兴，努力不倦地做善事、积功德。还修桥铺路，施斋饭供养出家人，碰到缺米缺衣的人，尽力接济他们。凡是对别人有好处的事情，无不尽心地去做。后来他又听到鬼在门前唱道："千也不说谎，万也不说谎，徐家举人，做官直做到都堂！"结果徐凤竹的官做到了两浙的巡抚。

❧ 公正的刑部官员 ❧

原文

嘉兴屠康僖公，初为刑部主事，宿狱中，细询诸囚情状，得无辜者若干人，公不自以为功，密疏其事，以白堂官。后朝审，堂官摘其语，以讯诸囚，无不服者，释冤抑十余人。一时辇下咸颂尚书之明。

公复禀曰："辇毂之下，尚多冤民，四海之广，兆民之众，岂无枉者？宜五年差一减刑官，核实而平反之。"

尚书为奏，允其议。时公亦差减刑之列，梦一神告之曰："汝命无子，今减刑之议，深合天心，上帝赐汝三子，皆衣紫腰金。"是夕夫人有娠，后生应埙、应坤、应埈，皆显官。

浙江省嘉兴县的屠康僖，起初在刑部做主事的官，夜里就住在监狱里，并且仔细地盘问囚犯，结果发现许多人是被冤枉的。但是屠公并不觉得自己有功劳，他把这些事秘密地写下来，上报了上司刑部堂官。

过了一段时间重新审问囚犯，刑部堂官根据屠公所提供的情况，拣些案情要点来审问那些囚犯。囚犯们都老老实实地向堂官供认，没有一个不心服的。因此，堂官就把原来的错判全部纠正过来，这样释放了十多人。那个时候，京里的百姓对刑部尚书明察秋毫、公正廉明无不加以赞叹。

后来屠公又向堂官呈上了一份公文说："在天子脚下，尚且有那么多被冤枉的人，那么全国这样大的地方，千千万万的百姓，哪会没有被冤枉的人呢？所以应该每五年派一位减刑官，到各省去细查囚犯犯罪的实情。若是冤枉的，应该为他平反。"

尚书就把这个意见上奏皇帝，皇帝批准了这个办法，就派减刑官到各省去巡察，刚巧屠公也在内。有一天晚上屠公梦见天神告诉他说："你命里本来没有孩子，但是你提出减刑的建议，正与天心相合，所以上天赐给你三个儿子，将来都可以做大官。"这天晚上，屠公的夫人就有了身孕。后来生下了应埙、应坤、应埈三个儿子，果然都做了高官。

❧ 赤诚之心 ❧

原文

嘉兴包凭，字信之，其父为池阳太守，生七子，凭最少，赘平湖袁氏，与吾父往来甚厚，博学高才，累举不第，留心二氏之学。一日东游泖湖，偶至一村寺中，见观音像，淋漓露立，即解橐中得十金，授主僧，令修屋宇，僧告以功大银少，不能竣事；复取松布四疋，检箧中衣七件与之，内纻褶，系新置，其仆请已之。

凭曰："但得圣像无恙，吾虽裸裎何伤？"

僧垂泪曰："舍银及衣布，犹非难事。只此一点心，如何易得。"

后功完，拉老父同游，宿寺中。公梦伽蓝来谢曰："汝子当享世禄矣。"后子汴，孙柽芳，皆登第，作显官。

有一位嘉兴人叫包凭，字信之。他的父亲做过安徽池州府的太守，生了七个儿子，包凭是最小的。他被平湖县姓袁的人家招赘为女婿，和我父亲常常来往，交情很深。他的学问广博，才气很高，却每次考试都考不中。但他很注意研究佛教、道教的学问。

有一天，他去东边的泖湖游玩，偶然到了一个乡村的佛寺里，看见观音菩萨像露天而立，被雨水淋得很湿。当时他就将口袋里所有的钱共计十两银子，全部拿给这寺里的住持和尚，叫他修理寺院房屋，以免观音菩萨像再被雨水淋湿。住持告诉他说："修寺的工程大，银子不够用，没法完工。"

因此，他又拿了松江出产的四匹布，再从箱子里挑了七件衣服拿给住持。这七件衣服里，有用高档麻料新做的夹衣。他的佣人要他不要再送了，但是包凭说："只要观音菩萨的圣像能够安好，不被雨淋，我就算赤身露体又有什么关系呢？"

住持听后流着眼泪说："一个人施舍银两和衣服布匹，并不是件难事，但是这一片赤诚之心，真是难得呀！"

后来房屋修好了，包凭就拉着他父亲同游这座佛寺，并且住在寺中。那天晚上，包凭做了一个梦，梦到寺里的护法神来谢他说："你做这件善事的功德，足以使你的后代世世代代享受官禄。"后来他的儿子包汴、孙子包柽芳，都中了进士，做了高官。

❧ 支公中冤 ❧

原 文

嘉善支立之父，为刑房吏，有囚无辜陷重辟，意哀之，欲求其生。囚语其妻曰："支公嘉意，愧无以报，明日延之下乡，汝以身事之，彼或肯用意，则我可生也。"其妻泣而听命。及至，妻自出劝酒，具告以夫意。支不听，卒为尽力平反之。囚出狱，夫妻登门叩谢曰："公如此厚德，晚世所稀，今无子，吾有弱女，送为箕帚妾，此则礼之可通者。"支为备礼而纳之，生立，弱冠中魁，官至翰林孔目，立生高，高生禄，皆贡为学博。禄生大纶，登第。

浙江省嘉善县有一个叫做支立的人，他的父亲在县衙中的刑房当官员。有一个囚犯，因为被人冤枉陷害，判了死罪。支公很可怜他，想要替他向长官求情，宽免他不死。那个囚犯得知支公的好意后，告诉妻子说："支公对我这么好，想要替我伸冤，我没有办法报答他，觉得很惭愧。明天你请他到乡下来，用自己的身体服侍他，这样他或许会更用心去为我办理伸冤的事，那么我就可能有活命的机会了。"

他的妻子听了之后，没别的办法可想，所以就边哭边答应了。

到了第二天，支公到了乡下，囚犯的妻子就亲自出来陪支公喝酒，并且把丈夫的意思完全告诉了支公。支公听后果断回绝了"美人恩"，仍然尽全力替这个囚犯把案子平反了。

后来，囚犯出狱，夫妻俩一起到支公家里叩头拜谢说："像您这样大德的人，现世实在是少有。您这么大岁数还没有孩子，我有一个小女儿，愿意送给您做小妾。这在情理上是可以说得通的。"

支公听了他的话，就预备了礼物，迎娶这个囚犯的女儿为妾，后来生了一个儿子，就是支立。支立才二十岁就中了进士，官做到翰林院的书记官。支立的儿子叫作支高，支高的儿子叫作支禄，都被保荐做州、县学里的教官。而支禄的儿子支大纶也考中了进士。

原文

凡此十条，所行不同，同归于善而已。若复精而言之，则善有真、有假；有端、有曲；有阴、有阳；有是、有非；有偏、有正；有半、有满；有大、有小；有难、有易；皆当深辨。为善而不穷理，则自谓行持，岂知造孽，枉费苦心，无益也。

以上这十个故事中每人所做的善事虽然各不相同，但都是围绕着一个"善"字。

若是要再仔细地加以分类，那么所行的善事有真的，有假的；有直的，有曲的；有阴的，有阳的；有对的，有错的；有偏的，有正的；有未竟的，有圆满的；有大的，有小的；有难的，有易的。这种种善行的结果完全不一样，所以要仔细地辨别。

一个人想要行善，却不清楚什么才是真正的善，只认为自己做了善事，做了好事，怎么样有功德，怎知做的很可能不是善事，而是造孽，这样岂不是枉费了苦心？徒劳无益。

122

来自本性中的善行，所体现的果报很大，上面所叙的善行，大部分来自本性。即使来自某些暗示，但这些人最终能够相信这种行为就是善行，因此努力去做，这都可以体现他们本性中善良的因素。本性中的善行是无私无我的，为别人着想的。

以上行善之法，都获得了世间的利益与善报，就是要告诉大家，改变自己和家族的命运，行善是个非常简单实用的办法，而且对改变家族命运能起到很大的作用。古人诸多劝人行善的话语，都是这种以行善改变命运的思想的体现。

如何分辨真善与假善

原文

何谓真假？昔有儒生数辈，谒中峰和尚，问曰："佛氏论善恶报应，如影随形。今某人善，而子孙不兴；某人恶，而家门隆盛；佛说无稽矣。"

怎么分辨真假善事呢？

元朝的时候，有几个读书人去拜见天目山的高僧中峰和尚，问道："佛家讲善恶报应，像影子一样跟着人，人到哪里，影子也到哪里，绝不会不报。可是，为什么现在某一个人行善做好人，他的子孙反而不兴旺？为什么某一个人是作恶的，他家反倒兴隆发达得很？所以佛说的报应学说，完全是没有凭据的。"

原文

中峰云："凡情未涤，正眼未开，认善为恶，指恶为善，往往有之。不憾己之是非颠倒，而反怨天之报应有差乎？"

中峰和尚回答说："平常人被世俗的见解所蒙蔽，这颗心没有洗除纯净，慧眼未开，所以真的善行当成是恶的，真的恶行反认为它是善的，这是常有的事情。看错了，不恨自己颠三倒四，反而抱怨天的报应错了。"

原文

众曰："善恶何致相反？"

中峰令试言其状。

一人谓："詈人殴人是恶；敬人礼人是善。"

中峰云："未必然也。"

大家又说："善就是善，恶就是恶，怎么可能把善恶看颠倒了呢？"

中峰和尚听了之后，便让他们把认为是善的、恶的现象都说出来。

其中有一个人说："骂人、打人是恶。恭敬人，用礼貌待人是善。"

中峰和尚回答说："你说的不一定对啊！"

原文

一人谓："贪财妄取是恶，廉洁有守是善。"

中峰云："未必然也。"

众人历言其状，中峰皆谓不然。因请问。

另外一个读书人说："贪财、乱要钱是恶；不贪财、清清白白守正道，是善。"

中峰和尚说："你说的也不一定是对的！"

那几个读书人，把各人平时所看到的种种善恶的行为都讲出来，但是中峰和尚都说："不一定全对啊！"

他们所说的善恶，中峰和尚都说他们说的不一定对，他们就请问中峰和尚，究竟怎样才是善？怎样才是恶？

原 文

中峰告之曰："有益于人，是善；有益于己，是恶。有益于人，则殴人、詈人皆善也；有益于己，则敬人、礼人皆恶也。是故人之行善，利人者公，公则为真；利己者私，私则为假。又根心者真，袭迹者假；又无为而为者真，有为而为者假；皆当自考。"

中峰和尚告诉他们说："做对别人有益的事情，是善；做对自己有益的事情，是恶。若是做的事情，可以使别人得到益处，哪怕是骂人、打人，也都是善；而为了有益于自己，就算是恭敬人，用礼貌待人，也都是恶，因为目的是为私的。

"所以一个人做的善事，使别人得到利益的就是公，公就是真了；只想到自己所要得到的利益，就是私，私就是假了。

"从内心里发出来的善行善念，是真；依葫芦画瓢，做做样子的善，是假。

"还有，是自然而然出于人的本性去做的善事，没有去求什么报答的，那么所做的善事，是真；为了某一种目的，企图有所得才去做的善事，是为善而善，这是假。像这样的种种情况，你们都要仔细地考察。"

为公还是为私，是区分真善与假善的根本点。凡是为私的善，都是假善、伪善。有些人已经把行善的行为形式化，其所施的"善行"甚至会扰乱正常的秩序。还有人自视清高，认为世人皆愚昧之徒，便摒弃和厌恶老百姓的生活和处事方式，这更是一种我慢之心的体现。所以，在引导他人行善时，千万不要把别人局限在形式与为私的基础上。

怎样分辨端直

原文

何谓端曲？今人见谨愿之士，类称为善而取之；圣人则宁取狂狷。至于谨愿之士，虽一乡皆好，而必以为德之贼；是世人之善恶，分明与圣人相反。推此一端，种种取舍，无有不谬；天地鬼神之福善祸淫，皆与圣人同是非，而不与世俗同取舍。凡欲积善，绝不可徇耳目，惟从心源隐微处，默默洗涤，纯是济世之心，则为端；苟有一毫媚世之心，即为曲；纯是爱人之心，则为端；有一毫愤世之心，即为曲；纯是敬人之心，则为端；有一毫玩世之心，即为曲。皆当细辨。

如今看似恭谨老实，实则随波逐流的好好先生，大都称他是善人，而且很看重他。然而古时候的圣贤，却宁愿欣赏有性格、有原则又勇往直前的人。因为这种人可以充当国家的栋梁，为国家做出贡献。

而那些好好先生，却是无用的好人，虽然乡里百姓都喜欢他，但是因为这种人的个性软弱，容易当墙头草，不能承担社会责任，所以圣人一定会说这种人是伤害社会公德与道德的贼子。因此，世俗人所说的善恶观念，分明和圣人的看法相反。如果按照世俗人的善恶观念去做事情，那所有的取舍、好坏，都会是错误的。

　　天地鬼神庇护善人、惩办恶人，也都和圣人的看法是一样的，圣人认为是对的，天地鬼神也认为是对的；圣人认为是错的，天地鬼神也认为是错的。天地鬼神绝不会以世俗人的眼光来判断好坏与取舍。

　　所以凡是想积功德，绝对不可以被耳朵所喜欢的声音、眼睛所喜欢的景象所利用，不可以跟着感觉走。必须要从起心动念这样细微的地方，将自己的心默默地洗涤纯净，不可让邪恶的念头污染了自己的内心。

　　所以，纯粹是救济世人的心，就是正直；如果稍微有一点讨好世俗观念的心，就是曲。纯粹是慈悲、博爱的心，是正直；如果有一丝一毫对社会怨恨不平的心，就是曲。纯粹是恭敬别人的心，就是正直；如果有一丝玩弄世人的心，就是曲。这些都应该细细地去分辨。

　　《论语》中有谈到："乡愿，德之贼也。"① 指的就是这种搅浑水的老好人。

---

① 冯映云.《中华文化经典读本》之九《论语》[M]. 广州：暨南大学出版社，2013.

❧ 行善不为私 ❧

原 文

何谓阴阳？凡为善而人知之，则为阳善；为善而人不知，则为阴德。阴德，天报之；阳善，享世名。名，亦福也。名者，造物所忌；世之享盛名而实不副者，多有奇祸；人之无过咎而横被恶名者，子孙往往骤发，阴阳之际微矣哉。

怎样分辨阳善和阴德呢？

凡是一个人做善事且被人知道，叫做阳善。做了善事而别人不知道，叫做阴德。行阴德的人，上天一定会重重地报答他。行阳善的人，大家都知道他，称赞他，他便享受世上的美名。享受好名声，也是福报了。

但是名这个东西，为天地造物所忌。世上享有盛名的人，如果他的实际道德情操并不符合这种盛名，那么这种人多半会遭遇到料想不到的横祸。一个没有过失差错，反倒被冤枉，无缘无故被人栽上恶名的人，他的子孙常常会突然间发达起来。这样看来，阴德和阳善的分别，真是细微得很，不可不加以分辨啊！

在前面我们已经说明了万事由心的道理，享受世间的盛名已是福报，但如果一个人所做的事情非常有利于社会，那他哪有可能不出名呢？不过在这样的情况下要做到没有任何为私的目的，并且让心不为名利所动确实是件很难很难的事。就像释迦牟尼、老子、孔子等都是美德、美名传扬于天下的圣人，因为他们也都是心怀天下的人，而他们的美德和善行也是出于心中大愿，而非一己之私。

❧ 应得与否 ❧

原文

何谓是非？鲁国之法，鲁人有赎人臣妾于诸侯，皆受金于府，子贡赎人而不受金。孔子闻而恶之曰："赐失之矣。"夫圣人举事，可以移风易俗，而教道可施于百姓，非独适己之行也。今鲁国富者寡而贫者众，受金则为不廉，何以相赎乎？自今以后，不复赎人于诸侯矣。

子路拯人于溺，其人谢之以牛，子路受之。孔子喜曰："自今鲁国多拯人于溺矣。"

什么叫作是非呢？

春秋时期的鲁国定有一条法律：凡是鲁国人被别的国家抓去做了劳力与姬妾的，若有人能把这些人赎回来，就可以向鲁国官府领取赏金。但是孔子的学生子贡把人赎回来后，却不肯接受鲁国的赏金。孔子听到之后责备说："这件事子贡做错了。"

凡是圣人做出来的事情，做了以后能把社会风气变好，社会陋习会得到改正，而且能够教化百姓，给百姓做榜样，引导百姓做好人。这种事可以做，却不能随自己的喜好去做。

现在鲁国富有的人少，穷苦的人多，若是受了赏金就算是贪財，那么不肯受贪财之名的人和钱不多的人，就不会去赎人了。只有很有钱的人，才会去赎人。如果造成这样的局面，恐怕从此以后，就不会再有人向别的国家赎人了。

孔子的学生子路，看见一个人溺水，就把他救了上来。那个人就送子路一头牛来答谢他，子路欣然接受了。孔子知道了，很欣慰地说："从今以后，鲁国就会有很多人自发地去救溺水的人了。"

孔子跟子贡、子路的境界区别，就是觉悟者与修行人的区别。孔子已经达到法性自然的境界，而子贡、子路还只是修行路上的行者，所以对善的体现、善的果报、善的功利的理解还很有局限性。拿得起放不下，或者放得下但拿不起，就会出现子贡这种行为。

有些人也局限在这种类似的状态中，以为自己做得很好，其实还有很多地方需要突破。拿得起放不下或者放得下拿不起，也不是表面的行为，而是要内心真正证悟明白，才能自然而然地去做，全然没有得失的观念。

原文

自俗眼观之，子贡不受金为优，子路之受牛为劣；孔子则取由而黜赐焉。乃知人之为善，不论现行而论流弊；不论一时而论久远；不论一身而论天下。现行虽善，而其流足以害人，则似善而实非也；现行虽不善，而其流足以济人，则非善而实是也。然此就一节论之耳。他如非义之义，非礼之礼，非信之信，非慈之慈，皆当抉择。

　　用世俗的眼光来看这两件事，子贡不接受赏金是高尚的行为。子路接受赠牛，是不好的行为。但孔子反而称赞子路，责备子贡。所以，一个人做善事，不能只看眼前是否出现效果，而要看这件事情是否能够流传下去，对整个社会产生有利的影响；不能只论一时的影响，而要看它是否对后世有利；不能只论个人的得失，而要看它对天下大众的影响。

　　现在的行为虽然是善，但是如果流传下去，对社会风气有害，那就看起来是善，其实不是善；现在的行为，虽然不是善，但是如果流传下去，能够帮助世人，那虽然像不善，实际倒是善的！

　　只不过是以这些事情来举例罢了。说到其他种种，还有很多。

　　譬如坏人，可以不必宽容他，有人宽容他，这种事情不能说不是义。但是宽容了这个坏人，反而使他的胆子更大，坏事做得更多，这反而成了不义。给他惩罚训诫，不宽容他，是非义。使这个人不再犯罪，是义，这就叫作非义之义。

　　礼貌是人应该有的，但是要有分寸。用礼貌尊重对待人，是礼。但若是过分了，反而使人骄傲起来、自大起来，就成为非礼了，这就叫做非礼之礼。

　　信用非常重要，但是也要区分状况。顾全小的信用，是信。因为顾全小信，反而使得大信不能顾全，就成为非信了，这就叫做非信之信。

慈爱本来是好事，但是因为过分的慈爱，不能指正人的过失，反而使人胆子变大，闯出大祸，那就变成不慈了，这就叫做非慈之慈。这些问题，都应该细细地加以判断，分辨清楚。

❧ 对恶行不可放纵 ❧

原文

何谓偏正？昔吕文懿公，初辞相位，归故里，海内仰之，如泰山北斗。有一乡人，醉而詈之，吕公不动，谓其仆曰："醉者勿与较也。"闭门谢之。逾年，其人犯死刑入狱。吕公始悔之曰："使当时稍与计较，送公家责治，可以小惩而大戒；吾当时只欲存心于厚，不谓养成其恶，以至于此。"此以善心而行恶事者也。

怎样才算是真正纠正他人的行为呢？

从前明朝的宰相吕文懿公［吕文懿公，文懿是谥号，他的名字叫吕原，号介庵，浙江秀水县（今浙江嘉兴）人，生在明朝英宗正统年间，做过宰相］辞掉宰相的官位，回到家乡来。因为他做官清廉、公正，人们都敬佩他，就像仰慕泰山北斗一样。唯独有一个乡下人，喝醉酒后，到他家门口来骂他。但是吕公并没有因为被他骂而生气，还向自己的仆从说："这个人喝醉酒了，不要和他计较。"

吕公就关了门，不理睬他。过了一年，这个人犯了死罪入狱，吕公方才懊悔地说："若是当时同他计较，将他送到官府治罪，可以借小惩罚收到大儆戒的效果，他就不至于犯下死罪了。我当时只想着心存厚道，所以就轻易放过他了，哪知道反而助长了他天不怕地不怕、藐视国法的恶性，结果送了性命。"这就是存善心，反倒做了恶事的一个例子。

原文

又有以恶心而行善事者。如某家大富，值岁荒，穷民白昼抢粟于市；告之县，县不理，穷民愈肆，遂私执而困辱之，众始定；不然，几乱矣。

也有存了恶心，反倒做了善事的人。时值荒年，穷人大白天在市场上抢富人家的米。这个大富人家，便告到县官那里。县官偏偏又不受理这个案子，穷人因此胆子更大，愈加放肆横行了。于是这个大富人家就私底下把抢米的人抓起来，出他们的丑。其他那些抢米的人怕被这大富人家抓住，反倒安定下来，不再抢了。若不是因为这样，几乎要酿成暴动的大乱了。

上面两个例子，对现在的儿童教育也是很有帮助的。前面谈到，小孩出现了问题，大人应该先找自己的问题，看看小孩是不是模仿了自己的行为。而应该严肃教育小孩的时候，一定要严肃教育。没有原则地宽容小孩、纵容小孩的错误，到头来只会使他错得更多。

经常听说一些孩子由于大人的骄纵与溺爱，做了违反法律的事，要受到处罚与惩戒。但家长害怕对孩子产生不好的影响，就仅仅把小孩保释出来，却不进行必要的法律教育。结果孩子是免于处罚了，但从此给了他更错误的信息，以为花点钱就什么事情都可以搞定，不用再负法律责任，于是肆无忌惮地干坏事，变得越来越坏，到后来犯下更大的罪。根据调查，大量的少年犯都来自家长的放任与溺爱，给孩子传递了错误的信息，这就是家长的过失了。

我在对问题儿童与问题家庭进行心理康复与重建时，发现绝大部分孩子的问题均源于父母错误的思想，这种思想将孩子引导到错误的方向，最后形成以孩子为中心的一系列家庭问题。

例如，父母对孩子的打骂教育可能使孩子性格扭曲，转而报复社会，形成更严重的问题。而父母如果不能给孩子树立正确的道德观念与行为标准，又形成放任状态，可能会导致孩子未来无法无天。我们讲父亲如山，母亲如水，"山清水秀出秀才，穷山恶水出刁民"，就是讲父母给孩子树立什么样的榜样非常关键。

原 文

故善者为正，恶者为偏，人皆知之；其以善心而行恶事者，正中偏也；以恶心而行善事者，偏中正也；不可不知也。

所以善是正，恶是偏，这是大家都知道的。但是也有存善心，反倒做了恶事的例子。这是存心虽正，结果变成偏，就是正中有偏。

也有存恶心，反倒做了善事的例子。这是存心虽偏，结果反成正，就是偏中有正。这种道理大家不可不知。

恶不积，不足以灭身

原文

何谓半满？易曰："善不积，不足以成名，恶不积，不足以灭身。"书曰："商罪贯盈，如贮物于器。"勤而积之，则满；懈而不积，则不满。此一说也。

怎样叫做半满的善呢？

《周易·系辞》说："一个人不积善，不会成就好的名誉；不积恶，则不会有杀身的大祸。"

《尚书》说："商朝末年所造的罪孽，比容器装满了物品还要多。"

如果你很勤奋，天天去储积，那么终有一天就会积满。如果懒惰些，不去收藏积存，那就不会满。

这里所说的积善、积恶，也像储存东西一样，这是讲半善、满善的一种说法。

当今社会流行买保险，为什么要买保险呢？就是人们担心未来会有灾难、疾病发生，钱不够花。而了凡先生认为，真正的保险和储蓄，却正是我们传统文化讲的行善积德。积善越多，后面的善报越大；积恶越多，一来把善因都消耗掉了，二来形成的新恶报也越来越大。恶报是什么呢？就是疾病、灾祸、缺衣少药、无依无靠。我们在现实生活中也会印证这一点，尤其是在人际关系上的交善与交恶，以及吃穿用度时的爱惜物命与浪费资源，乃至起居饮食习惯的好与差等方面都有体现。

我在某企业进行孝道与企业文化讲座时，有位二十出头的年轻人发言说："讲什么孝道呀，不就是担心老了我们不养爸爸妈妈吗？给他们买个保险不就得了！"

我说："你讲得真好，因为你们的父母在你们成长的各个时期，一遇到你们有所需求的时候，从来都是给你们钱去满足自己，要吃要喝要穿要玩，什么都是用钱来满足你们，却从来没有关注过你们的心灵成长。所以今天你们的父母只能收获你们以金钱满足他们的报答，却收获不到你们对他们心灵的关注与关爱。而人老了就会感受到生命的有限，更多的是希望获得儿女亲情的问候与孝敬，人在这时候才发现对亲情与心灵的关注远大于金钱。"

积善是购买未来平安、发达、成功、幸福的真正的保险单。而一念之善与一念之恶比行为更加重要，因为它能养成你的善心或坏心。

布施不在钱多少

原文

　　昔有某氏女入寺，欲施而无财，止有钱二文，捐而与之，主席者亲为忏悔；及后入宫富贵，携数千金入寺舍之，主僧惟令其徒回向而已。

　　因问曰："吾前施钱二文，师亲为忏悔，今施数千金，而汝不回向，何也？"

　　曰："前者物虽薄，而施心甚真，非老僧亲忏，不足报德；今物虽厚，而施心不若前日之切，令人代忏足矣。"此千金为半，而二文为满也。

　　从前有一户人家的女子，到佛寺去，想要捐钱给寺里，可惜身上只有两文钱，就拿来布施给和尚。寺里的住持和尚竟然亲自替她在佛前回向，求忏悔灭罪。后来这位女子进了皇宫做了贵妃，富贵之后便带了几千两银子来寺里布施。但是这位住持和尚却只是叫他的徒弟替那位女子回向。

　　那位女子不解，前后两次的布施，为什么待遇差别如此之大？就问住持和尚说："我从前不过布施两文钱，师父就亲自替我忏悔。现在我布施了几千两银子，而师父不替我回向，不知是什么道理?"

住持和尚回答她说："从前布施的银子虽然少，但是你布施的心很真切虔诚，所以非我老和尚亲自替你忏悔不足以报答你布施的功德。现在布施的钱虽然多，但是你布施的心不像从前那样真切，所以叫人代你忏悔也就够了。"这就是几千两银子的布施只算是半善，而两文钱的布施却算是满善的道理。

布施既是一种博爱的体现，也是一种舍弃占有欲与贪欲的手段。贪婪于钱财、对财物吝啬、占有欲大的人，不妨从布施入手纠正自己的心态。布施的时候不要去管别人接受时是真情还是假意，只管紧紧看住自己的心与起心动念，看自己是真的诚心布施还是布施的时候颇多怨言，如此定能改变自己的贪婪、吝啬之心，并且广积功德。

能够布施的人，也要继续从起心动念入手，放弃任何"我布施了多少钱财，我做了多少好事，我能得到多少功德"的念头，如此才能真正积累功德。

为善在于心

原 文

钟离授丹于吕祖，点铁为金，可以济世。

吕问曰："终变否？"

曰："五百年后，当复本质。"

吕曰："如此则害五百年后人矣，吾不愿为也。"

曰："修仙要积三千功行，汝此一言，三千功行已满矣。"

此又一说也。

汉钟离把他炼丹修行的方法传给吕洞宾，其中有种法术能将铁变成黄金，可拿来救济世上的穷人。

吕洞宾就问汉钟离说："变了黄金后，到底会不会再变回铁呢？"

汉钟离回答说："五百年以后，仍旧会变回原来的铁。"

吕洞宾又说："这样的话，我就会害了五百年以后的人，我不愿意做这样的事情。"

汉钟离对他说："修成神仙要积满三千件功德，凭你这句话，你的三千件功德已经圆满了。"

这是半善、满善的又一种讲法。

很多人觉得自己在行善，只要行为符合当下需要就可以了。但真善之人即使对善行也会认真对待，不会盲从。现代很多人，符合自己观念的就做，不符合自己观念的就不做，相对于吕洞宾这样的觉悟，就差了很远。

为善而心不著善

原文

又为善而心不著善，则随所成就，皆得圆满。心著于善，虽终身勤励，止于半善而已。譬如以财济人，内不见己，外不见人，中不见所施之物，是谓三轮体空，是谓一心清净，则斗粟可以种无涯之福，一文可以消千劫之罪，倘此心未忘，虽黄金万镒，福不满也。此又一说也。

一个人做了善事，而内心并不去执着、记忆、叨念。能够这样，那么随便做什么善事都是圆满的。若是做了件善事、好事，内心就执着在这件善事上，虽然一生都很努力地去做善事，其结果只能是半善而已。

譬如拿钱去救济穷人，要内心没有任何我布施了的执着与念头，外不见受布施的人，中不见布施的钱，这才叫做"三轮体空"，也叫做一心清净。

"三轮体空"就是把妄想、分别、执着断尽。要做到这一步，有的人很快，有的人需要有一个过程。不管路怎么走，只要能做到就是了不起的。修行人越到后面，越没有行善、布施的概念，完全是凭本性自然所为，无为而为。没有一丝行善的概念，做出来的事情却是最符合天道的。

如果能够这样布施，纵使布施一斗米，也可以种下无边无涯的福德。即使布施一文钱，也可以消除一千劫所造的罪。

如果内心不能够忘掉所做的善事，就算用二十万两黄金去救济别人，还是不能够得到圆满的福分。这又是一种说法。

念念均有记载

原文

原文：何谓大小？昔卫仲达为馆职，被摄至冥司，主者命吏呈善恶二录，比至，则恶录盈庭，其善录仅如箸而已。索秤称之，则盈庭者反轻，而如箸者反重。

仲达曰："某年未四十，安得过恶如是多乎？"

曰："一念不正即是，不待犯也。"

什么叫作大善小善呢？从前有一个人叫作卫仲达，在翰林院里做官，有一次鬼卒把他的魂引到了阴间。阴间的主审官吩咐手下的文书，把记录他在阳间所做善事与恶事的两种册子送上来。等册子送到一看，记录他恶事的册子多得竟摊满了一院子，而记录善事的册子只有一根竹箸那么点大。主审官又吩咐拿秤来称称看，那摊满一院子恶事的册子反而比较轻，而像一根竹箸那样大小的善事记录反而比较重。

卫仲达就问道："我年纪还不到四十岁，哪会犯这么多的过失罪恶呢？"

主审官说："只要一个念头不正，就是罪恶，不必等到你去犯。"

按照普通人的思维，人动一个念头，只要没有去做，便是没有问题的。法家讲"法不诛心"，《围炉夜话》中也讲"君子论迹不论心，论心世上少完人"[1]。而从人的起心动念看问题，曾子则讲道："十目所视，十手所指，其严乎！"这充分体现了儒家戒慎恐惧以及慎独的精神，哪怕自己一个人独处时也要看紧自己的思想克己慎独。

原 文

因问轴中所书何事？

曰："朝廷常兴大工，修三山石桥，君上疏谏之，此疏稿也。"

仲达曰："某虽言，朝廷不从，于事无补，而能有如是之力。"

曰："朝廷虽不从，君之一念，已在万民；向使听从，善力更大矣。"

故志在天下国家，则善虽少而大；苟在一身，虽多亦小。

因此，卫仲达就问这善册子里记的是什么。

主审官说："皇帝曾想要兴建大工程，修三山地方的石桥。你上奏劝皇帝不要修，免得劳民伤财，这就是你的奏章底稿。"

卫仲达说："我虽然讲过，但是皇帝不听，还是动工了，对那件事情的进行并没有发生作用，这份疏表怎么还能有这样大的

---

① （清）王永彬. 围炉夜话［M］. 北京：中华书局，2014.

力量呢?"

主审官说:"皇帝虽然没有听你的建议,但是你这个念头,目的是要使千万百姓免去劳役。倘使皇帝听你的,那善的力量就更大了!"

所以立志做善事,目的是利于天下、国家、百姓。那么善事纵然小,功德却很大。假使只为了利于自己,那么善事虽然多,功德却很小。

❧ 从最难处着手行动 ❧

原文

何谓难易？先儒谓克己须从难克处克将去。夫子论为仁，亦曰先难。必如江西舒翁，舍二年仅得之束修，代偿官银，而全人夫妇；与邯郸张翁，舍十年所积之钱，代完赎银，而活人妻子，皆所谓难舍处能舍也。如镇江靳翁，虽年老无子，不忍以幼女为妾，而还之邻，此难忍处能忍也；故天降之福亦厚。凡有财有势者，其立德皆易，易而不为，是为自暴。贫贱作福皆难，难而能为，斯可贵耳。

什么叫做难行与易行的善呢？

过去的先贤大儒都说："克制自己的私欲，要从最难去掉的欲望做起。"

孔子在讲怎样做到仁的时候，也说要先从难的地方开始下工夫。孔子所说的难，是指人自私自利的心是最难去掉的。

比如江西的一位舒老先生，他是教书的，收入很少，却掏出两年所积的一点微薄薪水，帮助一户穷人还了他们欠公家的钱，而免除他们夫妇被拆散的悲剧。

又像河北邯郸县的张老先生，舍弃他十年的积蓄，替一位穷人赎回他的妻儿，救活了他们的性命。

一般人不容易舍的就是金钱，像舒老先生、张老先生，都是在最难放下的利益面前，能够舍得啊！

又像江苏镇江县的一位靳老先生，虽然年老没有儿子，他的穷邻居愿意把一个年轻的女儿给他做妾，希望能为他生一个儿子。但是这位靳老先生不忍心误了她的青春，还是拒绝了，就把这女子送还给邻居。这又是很难忍却能够忍得住的事啊！所以上天赐给这几位老先生的福也特别丰厚。

凡是有财有势的人要立些功德，比平常人来得容易。但是容易做，却不肯做，那就叫做自暴自弃了。而没钱没势的穷人，要做些好事，都会有很大的困难。难做到而能去做到，这才是最可贵的啊！

这跟发"大勇猛心"的原理是一致的，从自己最难做到的地方开始下工夫，拔出萝卜带出泥，可以起到迅速提高自己心性的作用。当今社会环境相比古时要复杂许多，甚至有人为了一己私利，不惜利用他人的善良，导致做好人也更加艰难，内心与行为的分裂比较大，有些人做好事还怕人家看到。人在压力环境中待久了，把压抑、扭曲都当成了正常，人性中的善也被隐藏得越来越深。有财有势的人如果能利用自己的资源，可以很方便地为社会大众服务，所以立功德是比较容易的，如果这些人能抓住机会，对自己、对子孙后代都是非常有益的。

善行本身并不会因为贫富之差而有什么不同，所谓的难易，全在于一心一念。孔子曾这样赞叹他最喜爱的弟子颜回："贤哉回也！一箪食，一瓢饮，在陋巷，人不堪其忧，回也不改其乐"①，有些人每天粗茶淡饭，但活得很开心，有些人会觉得粗茶淡饭的生活是耻辱；有些人觉得每天劳动很开心，有些人觉得劳动是苦。所以有些人就不遗余力地追求钱财，希望以财富换取幸福，却不知道人真正的幸福来自心中而非外物，幸福也是来自于善行的积累。

---

① 冯映云.《中华文化经典读本》之九《论语》[M]. 广州：暨南大学出版社，2013.

十种善行之与人为善

原文

随缘济众，其类至繁，约言其纲，大约有十：第一，与人为善；第二，爱敬存心；第三，成人之美；第四，劝人为善；第五，救人危急；第六，兴建大利；第七，舍财作福；第八，护持正法；第九，敬重尊长；第十，爱惜物命。

时刻知道仁、义、礼、智、信与善良的思想行为都是人的基本品质，遇到该做的善事就随手做了，随缘济众。行善的事情很多，概括起来大约有以下十个方面：第一，与人为善；第二，爱敬存心；第三，成人之美；第四，劝人为善；第五，救人危急；第六，兴建大利；第七，舍财作福；第八，护持正法；第九，敬重尊长；第十，爱惜物命。

原文

何谓与人为善？昔舜在雷泽，见渔者皆取深潭厚泽，而老弱则渔于急流浅滩之中，恻然哀之，往而渔焉；见争者皆匿其过而不谈，见有让者，则揄扬而取法之。期年，皆以深潭厚泽相让矣。

夫以舜之明哲，岂不能出一言教众人哉？乃不以言教而以身教之，此良工苦心也。

什么叫作与人为善呢？当年大舜在雷泽湖边看见年轻力壮的渔夫都往水流平缓的深水区域去捕鱼，而那些年老体弱的渔夫只能在水流急促的浅滩区域捕鱼，大舜动了恻隐之心，可怜那些年迈的渔夫，便带头去往浅滩捕鱼，看见那些为抓鱼而争吵的人，舜从来不去议论他们的是非对错，更不去跟别人说三道四。看见那些相互谦让的渔夫，舜就到处赞扬他们，并且把这种相互谦让的行为作为自己的榜样，也这样去做。就这样抓了一年的鱼，大家都学到了谦让的精神，把水深鱼多的地方让出来了。

像舜那样聪明的圣人，难道不能说几句中肯的道理来教化众人，而非要亲自参与吗？要晓得舜不用言语来教化众人，而是拿自己的行为做榜样，使那些做错了的人见了，感觉惭愧而主动改变自己的自私心理，这真是用心良苦啊！

老子提倡"行不言之教"[1]，舜的行为其实就是不言之教。儒家讲"言传不如身教"，也是这个道理。当一个人带头去做的时候，对周围人的影响远大于言传。因为身教里面，包含的不是教化本身，而是促使人自我觉悟、自我体验并且因此而喜悦的内驱力，同时对每一个人的过失都留有补救的余地。我们从《道德经》《大学》以及《中庸》里都可以看

---

[1] 冯映云.《中华文化经典读本》之十《老子》[M]. 广州：暨南大学出版社，2013.

到，古代的教化就是格物、致知以至修身、齐家，行不言之教。

释迦牟尼当年每天托钵化缘，也一样是这种方式的体现。到了现代，有些人在物欲的泛滥下逐渐失去了先天的纯真，变得妄念丛生，社会关系也日益复杂，靠人的本性维持社会稳定已经越来越困难。

原 文

吾辈处末世，勿以己之长而盖人；勿以己之善而形人；勿以己之多能而困人。收敛才智，若无若虚；见人过失，且涵容而掩覆之。一则令其可改，一则令其有所顾忌而不敢纵，见人有微长可取，小善可录，翻然舍己而从之；且为艳称而广述之。凡日用间，发一言，行一事，全不为自己起念，全是为物立则；此大人天下为公之度也。

我们生在这个人心浮动的时代，做人很不容易。因此，别人有不如己的地方，不可以用自己的长处去讥笑别人。别人有不善的行为，不可以用自己的善来和别人作比较。别人的能力不及自己，不可以趾高气扬、讽刺别人。自己纵然有聪明才干，也要收敛起来，谦虚谨慎。

看到别人有过失，姑且替他包含掩盖，不去议论。像这样，一方面可以使他有改过自新的机会，另一方面可以使他有所顾忌而不敢放肆。若是扯破脸皮，他可能会更肆意猖狂。别人有很小的长处、很小的善行，我们见到了，可以舍去自己对他的看法，全心全力去帮助他，并且到处去赞扬他的行为，使他的善行能够日日增长。

自己在日常生活中，说话做事都不是以为私的目的去思考，全部是为了给天下苍生建立一个好的榜样，这就是圣人以天下、以众生为自己起心动念的出发点，具有博大广阔的胸怀。

十种善行之爱敬存心

原文

何谓爱敬存心？君子与小人，就形迹观，常易相混，惟一点存心处，则善恶悬绝，判然如黑白之相反。故曰：君子所以异于人者，以其存心也。君子所存之心，只是爱人敬人之心。盖人有亲疏贵贱，有智愚贤不肖；万品不齐，皆吾同胞，皆吾一体，孰非当敬爱者？爱敬众人，即是爱敬圣贤；能通众人之志，即是通圣贤之志。何者？圣贤之志，本欲斯世斯人，各得其所。吾合爱合敬，而安一世之人，即是为圣贤而安之也。

什么叫做爱敬存心呢？君子与小人，从外貌来看，常常容易混淆，分不出真假。因为小人会假仁假义，冒充君子。但从内心的出发点来说，君子是善，小人是恶，彼此相去甚远，就像黑白两种颜色，完全不同。所以孟子说："君子之所以与常人不同，就是在于他们的存心。"

君子所存的心，只有爱人、敬人的心。因为人虽然关系有亲近的，有疏远的；地位有尊贵的，有低微的；头脑有聪明的，有愚笨的；品德有高尚的，有下流的，虽然人的品性有万种不同，但是这些都是我们的同胞，都是跟我们一体同源的生命，都是和我们一样有血有肉、有感情的生命，都是值得我们去敬爱的！

敬爱、尊重所有的人，就是敬爱、尊重圣贤人。能够沟通、明白众人的内心世界，就是明白沟通了圣贤人的内心世界。为什么呢？

因为圣贤人希望世界上的人都能安居乐业，过着幸福美满的生活。所以，我们能够处处爱人，处处敬人，使世上的人个个平安幸福，也就可以说是代替圣贤，使世上的人都能够平安快乐了。

> 了凡先生说出"万品不齐，皆吾一体"是非常了不起的话。无论人在社会中生存的状态如何千变万化，宇宙万物本来都是同一的，一体同源，万众一心，无有分别。而要是证悟明白了这些，我们就永远与天地同一体，不生不灭。在这一点上，老子所言之"死而不亡者寿"① 与臧克家先生的"有的人活着，他已经死了；有的人死了，他还活着"② 却是跨越时空，遥相呼应了。

---

① 冯映云.《中华文化经典读本》之十《老子》[M]. 广州：暨南大学出版社，2013.

② 臧克家. 有的人——臧克家诗歌作品集（新版）[M]. 长春：北方妇女儿童出版社，2022.

十种善行之成人之美

原文

何谓成人之美？玉之在石，抵掷则瓦砾，追琢则圭璋；故凡见人行一善事，或其人志可取而资可进，皆须诱掖而成就之。或为之奖借，或为之维持；或为白其诬而分其谤；务使之成立而后已。

什么叫做成人之美呢？举例来说，若是把一块里面有玉的石头，随便乱丢抛弃，那么这块里面有玉的石头也只不过是和瓦片碎石一样一文不值。若是好好地雕刻琢磨这块石头，那么它就成了非常珍贵的宝物。

一个人也是如此，全靠劝导指引。所以看到别人做一件善事，或者是这个人立志向上，而且他的资质足以造就的话，都应该好好地引导他、提拔他，使他成为社会上的有用之才，或是赞美他、激励他、扶持他。有人冤枉他，就替他辩解冤屈，减轻他所受的毁谤，务必要帮助他立身于社会，才算是尽了我们的心意。

原 文

大抵人各恶其非类，乡人之善者少，不善者多。善人在俗，亦难自立。且豪杰铮铮，不甚修形迹，多易指摘；故善事常易败，而善人常得谤；惟仁人长者，匡直而辅翼之，其功德最宏。

大多数人都对思想跟自己不一样的人心存排斥。就算在同一个乡里的人，善良的人少，不善的人多。所以善人在世俗里也很难立得住脚。况且豪杰的性情大多数是刚正不屈的，并且不会刻意修饰自己。世俗的眼光见识不高，只看外表就说长道短，随便批评。所以做善事也常常容易失败，善人也常常被人毁谤。

碰到这种情形，只有靠仁人长者们出面，才能纠正那些邪恶不正的人，教导、指引他们改邪归正。保护、帮助善人，使他们能够树立起威望来。像这样辟邪显正的功德，是非常大的。

了凡先生之所以说"乡人之善者少，不善者多"，是因为乡人中缺乏辨别能力的普通人也容易受到别有用心的恶人的影响，从而对善人产生排斥，用"不善者"一词也是为了把这部分人与"恶者"区分开来。这一段表达了彼时某地做善人的条件之艰难，而非指"坏人比好人多"。

帮助善良的人，就是帮助自己乃至社会。如果人类社会失去了这些善良的人与善良的美德，人也就不成其为人了，而社会环境就会变得非常恶劣。

十种善行之劝人为善

原文

何谓劝人为善？生为人类，孰无良心？世路役役，最易没溺。凡与人相处，当方便提撕，开其迷惑。譬犹长夜大梦，而令之一觉；譬犹久陷烦恼，而拔之清凉，为惠最溥。韩愈云："一时劝人以口，百世劝人以书。"较之与人为善，虽有形迹，然对症发药，时有奇效，不可废也；失言失人，当反吾智。

什么叫做劝人为善呢？一个人生在这个世上，哪一个没有善良的心呢？可是人生活在世上，整天为了功名利禄而没有止境地去追求、忙碌，那就非常容易沉溺于世俗中而堕落下去。因此，与人相处，应该心存爱心来方便他、帮助他、提醒他，同时拨开他的迷惑，使他恢复善良的心。看到他整天醉生梦死，一定要使他觉悟惊醒；看到他久陷烦恼，一定要开导他，使他的内心清净。如能这样，给人的恩泽最深，功德是很广大的。

韩愈曾说："以口来劝人行仁义道德，只是一时一地的行为。以书来引导人行仁义道德，则可以流传百世。"

以口来劝人行善和用书来劝人为善，与前面所讲的与人为善比较起来，虽然有较注重形式的痕迹，但是如果能够对症下药，时常会有特殊的效果，所以这些方法是不可以放弃的。

劝导别人也要根据各人不同的性格脾气、人物身份、年龄阅历，根据不同的时间、地点来展开。劝导别人还需要有大智慧、大境界，才能不误导别人、局限别人，这样才能做到不失人、不失言。

古人讲文以载道，文章书籍是传承经典与道的工具，但今天的书籍与文章，不少充满功利，充满名利的诱惑与腐败。许多写书的人是投机人的欲望，表达自己的贪、嗔、痴、慢、疑与各种妄念。其实这些都在严重污染着我们的社会。

因为人的思想里装的是什么，这个人就是什么。脑袋里装的是善良、纯真，那么这个人一定是善良、纯真的；脑袋里装的是堕落、腐败，那么这个人只要有机会就会去做腐败、堕落的事。

十种善行之救人危急

原文

何谓救人危急？患难颠沛，人所时有。偶一遇之，当如痌瘝之在身，速为解救。或以一言伸其屈抑；或以多方济其颠连。崔子曰："惠不在大，赴人之急可也。"盖仁人之言哉。

什么叫做救人危急呢？患难颠沛的事情在人的一生当中都是常有的。假使偶尔碰到患难危急的人，应当像自己身上发了毒疮一样，要赶快设法解救，帮助别人渡过难关。看到他有什么被人冤枉逼迫的事情，或是用话语帮助他申辩，或是用其他方法来救济他脱离困苦。明朝的崔子曾说："恩惠不在乎大小，只要在别人危急的时候赶紧去帮助他就可以了。"这句话是真正仁者的话啊！

十种善行之兴建大利

原 文

何谓兴建大利？小而一乡之内，大而一邑之中，凡有利益，最宜兴建；或开渠导水，或筑堤防患；或修桥梁，以便行旅；或施茶饭，以济饥渴；随缘劝导，协力兴修，勿避嫌疑，勿辞劳怨。

什么叫做兴建大利呢？讲小的，在一个乡中；讲大的，在一个县内，凡是有益公众的事，最应该发起兴建。或是开辟水道来灌溉农田；或是建筑堤岸来预防水灾；或是修筑桥梁，使行旅交通方便；或是施送茶饭，救济饥饿、口渴的人。

遇到机会时，要劝导带领大家，同心协力，出钱出力来兴建公众事业。纵然有人在暗中毁谤你、中伤你，你也不要为了避嫌就不去做，也不要怕辛苦，担心别人嫉妒怨恨，就推托不做。

十种善行之舍财作福

原 文

何谓舍财作福？释门万行，以布施为先。所谓布施者，只是舍之一字耳。达者内舍六根，外舍六尘，一切所有，无不舍者。

什么叫做舍财作福呢？佛门中的万种善行，第一件事情就是讲布施。讲到布施，就只是一个"舍"字。

《贤愚经》里有一个故事讲道：释迦牟尼前世是古印度一个王国的小王子，他与两位兄长在山林中游玩之际见到一只孱弱的雌虎准备吞食自己的幼崽充饥，于是他便舍身饲虎。我们不提倡去效仿他的做法，但这个故事说明他的慈悲心已经到达了极高的程度，什么都能够舍，为了他人和生灵的安危，连自己的性命都能够舍弃。身外的色、声、香、味、触、法，也都可以一概舍弃，这里面就包括了名、利、情。

无论是身内之物还是身外之物，能真正影响人的其实就是自己的这颗心，你的心能够放得下、舍得掉，就什么都能放得下、舍得掉。你的心放不下，你就什么也舍不掉。佛家讲

"境随心转""相由心生"都是讲人心的贪、嗔、痴、慢、疑去掉后、改变后所起的作用。

原 文

苟非能然，先从财上布施。世人以衣食为命，故财为最重。吾从而舍之，内以破吾之悭，外以济人之急；始而勉强，终则泰然，最可以荡涤私情，祛除执吝。

若是很难做到这些舍，那就先从钱财上着手布施。人活在世上，没有钱就无法生活，所以人把钱财看得比命还重要。因此，如果一个人能够痛痛快快地施舍钱财，对自己而言，可以破除吝啬、贪财的毛病。对外而言，则可救济别人的急难。

不过钱财不易看破，起初做起来难免会有一些勉强。只要诚心去做，舍惯了，心中自然能泰然处之，也就没有什么舍不得了。这是最容易消除自己的贪念私心，也可以除掉自己对钱财的执着与吝啬的方式。

十种善行之维护真理

原文

　　何谓护持正法？法者，万世生灵之眼目也。不有正法，何以参赞天地？何以裁成万物？何以脱尘离缚？何以经世出世？故凡见圣贤庙貌，经书典籍，皆当敬重而修饬之。至于举扬正法，上报佛恩，尤当勉励。

　　什么叫做护持正法呢？正法是千万年来有灵性的生命的眼目，也是真理的准绳。如果宇宙中没有正法、真理存在，就不可能有天地造物与人类的开创，也不可能有自然界与天体的有序运转。

　　怎样才能够摆脱人间的重重迷茫与困惑？怎样才能走出红尘中命运的种种束缚与无奈？怎样才能明白宇宙人生的真理，将世上一切建设好、治理好，同时能够摆脱生死轮回的苦楚，觉悟宇宙真理？这都需正法的维持与引导，才能使人在大道之中行走。

　　所以，凡是看到圣贤的寺庙、图像、经典、遗训，都要尊敬、保护、修补、整理。而讲到佛门正法，尤其应该敬重并加以传播宣扬，使大家都能受益，以报答佛法救度众生的恩德。这种事情，更应该努力、勤奋地去做。

　　真理就好比一座山，从山上流淌下来的河流，孕育了不同的民族，形成了不同的宗教。所以真理本身并不相违，所有的宗教本身也都是反映宇宙本源的，都是对真理的求索，只因种族和风土人情的不同而有区别。

　　因此护持正法，并不单纯局限于哪一教、哪一派，而是都要尊重、尊敬。信仰自由、相互尊重才是对的。如果因为教派不同，形成数派势力，相互攻击，表面上是在弘扬宗教本身，但其实恰恰是在破坏与危害宗教的教义，这也是造成宗教变异的原因之一。

十种善行之敬重尊长

原文

何谓敬重尊长？家之父兄，国之君长，与凡年高、德高、位高、识高者，皆当加意奉事。在家而奉侍父母，使深爱婉容，柔声下气，习以成性，便是和气格天之本。出而事君，行一事，毋谓君不知而自恣也。刑一人，毋谓君不知而作威也。事君如天，古人格论，此等处最关阴德。试看忠孝之家，子孙未有不绵远而昌盛者，切须慎之。

什么叫做敬重尊长呢？家里的父亲、兄长，国家的君王、长官，以及凡是年岁、道德、职位、见识高的人，都应该格外真诚地去奉事他们。

在家里侍奉父母，要有尊敬、深爱父母的心。在父母亲面前说话要小声，心平气和，要用谦卑、尊重和孝顺的口吻跟父母说话，使父母高兴开颜。习惯成自然，这就是和气可以感动天心的道理。

出门在外侍奉君王，不论什么事都应该依照国法去做。不要以为君王不知道，自己就可以胡作非为。惩罚处理一个犯罪的人要仔细审问，公正执法。不可以觉得君王不知道，就乱施淫威，制造冤假错案。

　　服侍君王，要像面对上天一样的恭敬，这是古人所定的规范。这方面做到了，阴德最大。试看，凡是忠孝人家，他们的子孙没有不发达久远、前途兴旺的，所以一定要小心谨慎地去做。

　　儒家的"位正"以及"长幼有序"的思想对中国人的人伦观念产生了极大的影响。尊敬尊长与父母、兄弟以及君王、官员是有很深刻的原因的。

　　首先，这些人不是养育自己，就是保护自己的人，因此我们要尊敬。其次，若严格按照儒家"德位相配"的思想，尊长与官员都会是些道德高尚的人，《大学》讲："自天子以至于庶人，一是皆以修身为本，其本乱而末治者，否矣"①，"尧舜率天下以仁，而民从之；桀纣率天下以暴，而民从之"②，"一家仁，一国兴仁；一家让，一国兴让"③。这些都是讲位高权重的人通过上行下效给人们带来的生活状态。所以有德行的人、长辈们，我们都要尊敬。

　　例如，孔子讲"敬其父，则子悦。敬其兄，则弟悦。敬其

　　① 冯映云.《中华文化经典读本》之七《大学》[M]. 广州：暨南大学出版社，2013.

　　② 冯映云.《中华文化经典读本》之七《大学》[M]. 广州：暨南大学出版社，2013.

　　③ 冯映云.《中华文化经典读本》之七《大学》[M]. 广州：暨南大学出版社，2013.

君，则臣悦。"①，这是做人很关键的事情，往往年轻人不知道为什么应该这样做，我亲眼见过一位妻子因为看到丈夫与兄弟吵架，就不尊敬丈夫的兄弟，有的甚至挑拨兄弟之情，结果往往导致家庭的破裂，或者家庭矛盾重重。

　　《论语》说："今之孝者，是谓能养，至于犬马，皆能有养，不敬，何以别乎？"② 就是说，动物都知道养育儿女，照顾老弱。人跟动物的区别在于人要有恭敬心去养育儿女，照顾老人，否则就连动物都不如了。

---

　　① 冯映云.《中华文化经典读本》之一《孝经》[M]. 广州：暨南大学出版社，2013.

　　② 冯映云.《中华文化经典读本》之九《伦语》[M]. 广州：暨南大学出版社，2013.

十种善行之爱惜物命

原文

何谓爱惜物命？凡人之所以为人者，惟此恻隐之心而已；求仁者求此，积德者积此。周礼，"孟春之月，牺牲毋用牝。"孟子谓君子远庖厨，所以全吾恻隐之心也。故前辈有四不食之戒，谓闻杀不食，见杀不食，自养者不食，专为我杀者不食。学者未能断肉，且当从此戒之。

什么是爱惜物命呢？要知道一个人之所以能够成为人，就是他有这一片恻隐的心。

追求仁义道德的人，必须具备这一片恻隐之心；行善积德的人，积累的也是这一片恻隐之心。恻隐心就是仁与德。没有恻隐心，就没有仁心与道德。《周礼》说："每年正月的时候，正是牲畜最容易怀孕的时候，这时候的祭品不要用母的。因为要预防牲畜肚里有胎儿的缘故。"

孟子说，"君子远离屠宰室和厨房"，就是要保全自己的恻隐之心。所以，前辈有不吃四种肉的禁忌。譬如说，听到动物被杀的声音，不吃；在它被杀的时候看见，不吃；是自己养大的，不吃；专门为自己杀的，不吃。后辈的人，若要学习前辈的仁慈心，却做不到一下子断食荤腥的话，也应该依照前辈的办法，禁戒少吃。

亚圣孟子曾云："君子之于禽兽也，见其生，不忍见其死；闻其声，不忍食其肉。是以君子远庖厨也。"文中讲述了齐宣王见到下属牵着牛经过堂前时动了恻隐之心，不忍因祭祀宰杀这头牛，但又不能废除掉衅钟的传统祭祀仪式，于是两难之下，他做出了一个让人不解的抉择——交代下属另杀一头羊以代替这头牛。孟子听闻这件事后遂以本句来点出齐宣王的仁心，这经典的段落指出了君子的恻隐之心与传统祭祀需要牺牲的矛盾之处。

原 文

渐渐增进，慈心愈长。不特杀生当戒，蠢动含灵，皆为物命。求丝煮茧，锄地杀虫，念衣食之由来，皆杀彼以自活。故暴殄之孽，当于杀生等。至于手所误伤，足所误践者，不知其几，皆当委曲防之。古诗云："爱鼠常留饭，怜蛾不点灯。"何其仁也？

不断地加强这方面的意识，努力做到，你的慈悲心就会不断增长。不只是杀生应该戒除，一切有灵性生命的东西，都要怜悯。像为取得真丝而煮茧，为锄地而杀虫，都是为了养活自己而杀死他们，因此都要存恻隐之心。所以人吃饭要做多少吃多少，不要浪费，更不要为了自己的胃口而任意品尝动物的肉。这与杀生的罪是一样大的。至于平时不小心伤害的小生命就不知道有多少了，这些都应该尽量避免。

宋朝的苏东坡有首诗说："爱鼠常留饭，怜蛾不点灯。"意思是说，恐怕老鼠饿死，所以为老鼠留些饭；哀怜飞蛾扑到灯上烫死，所以灯也不点。这是多么仁厚慈悲啊！

原 文

善行无穷，不能殚述；由此十事而推广之，则万德可备矣。

善事无穷无尽，哪能说得完。只要把以上说的十件事，加以推广发扬，那么无数的功德就都完备了。

第 四 篇

谦德之效

❧ 满招损，谦受益 ❧

原 文

　　易曰："天道亏盈而益谦；地道变盈而流谦；鬼神害盈而福谦；人道恶盈而好谦。"是故谦之一卦，六爻皆吉。书曰："满招损，谦受益。"予屡同诸公应试，每见寒士将达，必有一段谦光可掬。

　　《易经》中的"谦"卦说："天道之中，凡是骄傲自满的，就要使他亏损；而谦虚的，就让他得到充实。地道之中，凡是骄傲自满的，就要使他改变，不能让他永远满足；而谦虚的，要使他滋润不枯。鬼神之中，凡是骄傲自满的，就要使他受害；而谦虚的，便使他受福。人道之中，都是远离骄傲自满的人，而喜欢亲近谦虚的人。"

　　这样看来，天、地、鬼、神、人，都看重谦虚的一面，而反对骄傲自满。《易经》上六十四卦所讲的都是天地阴阳变化的道理，教人做人的方法。每一卦爻中，有凶有吉。凶卦是警戒人去恶从善，吉卦是勉励人要不断改正更新。唯有这个"谦"卦，每一爻都吉祥。《尚书》上也讲："满招损，谦受益。"

　　好几次我和许多人去参加考试，每次都看到贫寒的读书人在快要考中的时候，脸上一定会发出一片谦虚祥和的光彩来。

原文

辛未计偕，我嘉善同袍凡十人，惟丁敬宇宾，年最少，极其谦虚。

予告费锦坡曰："此兄今年必第。"

费曰："何以见之？"

予曰："惟谦受福。兄看十人中，有恂恂款款，不敢先人，如敬宇者乎？有恭敬顺承，小心谦畏，如敬宇者乎？有受侮不答，闻谤不辩，如敬宇者乎？人能如此，即天地鬼神，犹将佑之，岂有不发者？"

及开榜，丁果中式。

辛未年（公元1571年），我与十位嘉善同乡一起去京城参加会试。我们一行人当中丁敬宇年纪最小，他也非常谦虚。

我对同去参加会试的费锦坡讲："这位老兄，今年一定考中。"

费锦坡问我说："怎样能看出来呢？"

我说："只有谦虚的人，才可以承受福报。老兄你看我们十人当中，有谁能像敬宇一样诚实厚道，不抢风头的呢？有谁能像敬宇一样待人恭恭敬敬，小心谦逊的呢？有谁能像敬宇一样受人侮辱谩骂而不回答，听到人家毁谤而不去争辩的呢？一个人能够做到这样，就是天地鬼神也都要保佑他，岂有不发达的道理？"

等到放榜，丁敬宇果然考中了。

原 文

丁丑在京，与冯开之同处，见其虚己敛容，大变其幼年之习。李霁岩直谅益友，时面攻其非，但见其平怀顺受，未尝有一言相报。予告之曰："福有福始，祸有祸先，此心果谦，天必相之，兄今年决第矣。"已而果然。

丁丑年（公元 1577 年）在京城里，我和冯开之住在一起。看见他总是虚心自谦，面容和顺，一点也不骄傲，极大地改善了他小时候的那种习气。他有一位正直又诚实的朋友李霁岩，时常当面指责他不对的地方，但他总是平心静气地接受朋友的责备，从来不反驳一句话。我告诉他说："一个人有福，一定有福的根苗。有祸，也一定有祸的预兆。如果这颗心能够真正谦虚，上天一定会帮助他，老兄你今年必定能够登第了！"后来冯开之果然考中了。

原 文

赵裕峰、光远，山东冠县人，童年举于乡，久不第。其父为嘉善三尹，随之任。慕钱明吾，而执文见之，明吾，悉抹其文，赵不惟不怒，且心服而速改焉。明年，遂登第。

赵裕峰，名光远，是山东省冠县人。他不满二十岁的时候，就中了举人，后来又考会试，却多次不中。他的父亲是嘉善县三尹（各级主官属下掌管文书的佐吏），裕峰随同他父亲上任。裕峰非常羡慕嘉善县名士钱明吾的学问，就拿自己的文章去见他，哪晓得这位钱先生，竟然拿起笔来，把他的文章都涂掉了。裕峰不但不发火，而且心服口服，赶紧把自己文章的缺失改了。如此虚心用功的年轻人，实在是少有，到了第二年，裕峰就考中了。

原 文

壬辰岁，予入觐，晤夏建所，见其人气虚意下，谦光逼人，归而告友人曰："凡天将发斯人也，未发其福，先发其慧；此慧一发，则浮者自实，肆者自敛；建所温良若此，天启之矣。"及开榜，果中式。

壬辰年（公元 1592 年），我入京去觐见皇帝，见到一位叫夏建所的读书人。看到他虚怀若谷的气质，毫无一点骄傲的神气，为人谦和。我回来告诉朋友说："凡是上天要使这个人发达，在没有赏赐他福分时，一定先启发他的智慧，这种智慧一发，那就自然使浮滑的人变得诚实，放肆的人也就自动收敛了。建所他温和善良到这种地步，是已引发了智慧，上天一定会引发他的福分的。"等到放榜的时候，建所果然考中了。

原 文

江阴张畏岩，积学工文，有声艺林。甲午，南京乡试，寓一寺中，揭晓无名，大骂试官，以为眯目。时有一道者，在傍微笑，张遽移怒道者。道者曰："相公文必不佳。"

张益怒曰："汝不见我文，乌知不佳？"

道者曰："闻作文，贵心气和平，今听公骂詈，不平甚矣，文安得工？"

江阴有一位读书人，名叫张畏岩。他的学问很深，文章写得很好，在许多读书人当中，很有名声。甲午年（公元 1594 年）南京乡试，他借住在一处寺院里，等到发榜，榜上没有他的名字。他不服气，大骂考官眼睛瞎了，看不出他的文章多么好。那时候有一位道士在旁微笑，张畏岩马上就把怒火发在道士的身上。道士说："你的文章一定不好。"

张畏岩更加愤怒地说："你没有看到我的文章，怎么知道我写得不好呢？"

道士说："我常听人说，写文章最要紧的是心平气和。现在听到你大骂考官，表示你的心气非常不平，你的文章怎么会好呢？"

原文

张不觉屈服，因就而请教焉。

道者曰："中全要命；命不该中，文虽工，无益也。须自己做个转变。"

张曰："既是命，如何转变？"

道者曰："造命者天，立命者我；力行善事，广积阴德，何福不可求哉？"

张畏岩听了道士的话，倒是信服了，因此，就转过来向道士请教。

道士说："能考中功名，都是因为命。命里不该中，文章写得再好，也没有用，也不会考中，一定要你改变自己才有可能。"

张畏岩问道："既然是命，怎么可能去改变呢？"

道士说："造命在天，立命在我。只要你肯尽力去做善事，多积阴德，那就什么福都能求来了。"

原文

张曰："我贫士，何能为？"

道者曰："善事阴功，皆由心造，常存此心，功德无量。且如谦虚一节，并不费钱，你如何不自反而骂试官乎？"

张畏岩说："我是一个穷读书人，能做什么善事呢？"

道士说："行善事，积阴功，都是从心开始。只要常常存做善事、积阴功的心，功德就无量无边了。就像谦虚这件事，又不要花钱，你为什么不自我反省呢？自己功夫太浅，不能谦虚，为什么反而骂考官不公平呢？"

原文

张由此折节自持，善日加修，德日加厚。丁酉，梦至一高房，得试录一册，中多缺行。问旁人，曰："此今科试录。"

问："何多缺名？"

曰："科第阴间三年一考较，须积德无咎者，方有名。如前所缺，皆系旧该中式，因新有薄行而去之者也。"

后指一行云："汝三年来，持身颇慎，或当补此，幸自爱。"是科果中一百五名。

张畏岩听了道士的话，从此以后就开始改变自己一向骄傲的心，很留意把持住自己的心，不再犯错。天天花工夫去修善积德。

到了丁酉年（公元 1597 年）的某一天，他梦见自己到一处很高的房屋里去，看到一本考试录取的名册，中间有许多缺行。他看不懂，就问旁边的人说："这是什么？"

那个人说："这是今年考试录取的名册。"

张畏岩问："为什么名册内有这么多的缺行？"

那人回答说："阴间对那些参加考试的人，每三年考查一次，一定要积德，没有过失，这册里才会有名字。像名册前面的缺额，都是本该考中的人，但是因为他们最近做了有罪过的事情，才把他们的名字去掉的。"

后来那个人又指了一行说："你这三年来很留心地守住自己的心性，没再犯过错，或许该补上这个空缺了，希望你珍重自爱，勿犯过失！"果然，张畏岩就在这次的会考中，考中了第一百零五名。

原 文

由此观之，举头三尺，决有神明；趋吉避凶，断然由我。须使我存心制行，毫不得罪于天地鬼神，而虚心屈己，使天地鬼神，时时怜我，方有受福之基。彼气盈者，必非远器，纵发亦无受用。稍有识见之士，必不忍自狭其量，而自拒其福也，况谦则受教有地，而取善无穷，尤修业者所必不可少者也。

从上面所讲的看来，举头三尺一定有神明在监察着人的行为。因此，一个人的一生是走得好，还是走得坏，一定是由自己的思想与行为决定的。必须使自己以高尚的道德与善良之心，来约束自己一切不善的思想与行为。

做什么事情都要对得起天地良心，符合天道自然，对得起天地鬼神。并且要谦虚谨慎、戒骄戒躁，敬畏天地鬼神。以谦卑之心使得天地鬼神时时慈悲自己，从而监督与帮助自己改正错误，这样才会有福的根基。

那些喜欢骄傲自满的人，一定不具有广大的器量，就算能发达，也不会长久地享受福报。稍有见识的人，心胸、肚量一定不会狭窄，不会拒绝可以得到的福分。

况且虚怀若谷的人，别人都愿意培养他。若这个人不知道谦虚，谁还肯去教他。并且，别人有好的行为，谦虚的人就会去学，那么得到的善行，就没有穷尽了。尤其是对进德修业的人来说，这是一定不可缺少的啊！

原文

古语云："有志于功名者，必得功名；有志于富贵者，必得富贵。"人之有志，如树之有根，立定此志，须念念谦虚，尘尘方便，自然感动天地，而造福由我。今之求登科第者，初未尝有

183

真志，不过一时意兴耳；兴到则求，兴阑则止。

古人说："有志去争取功名的，一定可以得到功名；有志去争取富贵的，一定可以得到富贵。"

一个人有远大的志向，就像树有根一样，一定会生出繁荣茂盛的枝叶来的。人如果确立了自己想要去完成的目标，就必须时时刻刻心怀谦虚谨慎的态度，学习成功路上的各种好的知识与好的品行。

哪怕是很细微的事情，也要能替别人着想，给别人提供方便。能够这样去做，必然符合天道，自然会感动天地了。你为别人行方便，天地鬼神都会为你行方便，这是肯定的。

所以造福全在自己，自己真心要造，就能够造成。像现在那些求取功名的人，当初哪有什么真心呀，不过是一时的兴致罢了。兴致来了，就去求；兴致退了，就停止。

> 要把求科名的心，落实到积德行善的行为上，并且尽心尽力地去做，那么命运与福报，就一定是由自己决定的了！

原　文

孟子曰："王之好乐甚，齐其庶几乎？"予于科名亦然。

孟子对齐宣王说："大王非常喜好音乐，如果能做到与百姓一起同乐，那么齐国的国运一定兴旺发达。"

我看求科名，也是这样。

谦虚是中华民族的美德。谦虚谨慎，戒骄戒躁，都是讲保持好自己的精、气、神，修行好自己的德行，使自己内在精神饱满。《易经》中六十四个卦，只有"谦卦"是六爻全吉的，我们可从《易经》本身的角度来看一看。

"地山谦"卦是由代表大地的"坤"和代表高山的"艮"组成的。上面是坤卦，下面是艮卦。

《易经》中坤卦的《象辞》是这样描述的："地势坤，君子以厚德载物。"[1] 大地承载了万物，任人建筑、开垦，起到养育、化育万物的作用。"坤"代表大地、平原、田野，又代表母亲。为什么代表母亲呢？就是以母亲比喻大地，她们相同的职责都是以厚德养育生命，教化子女。

而"艮"代表高山，也代表少年男子，代表未来构建社会栋梁的主体。所以我们可以把这个谦卦描述成一个母亲带着一个青春年少的男孩，而母亲的厚德、仁爱、慈祥、包容，能使孩子一辈子对母亲心怀谦卑与尊敬。也正是母亲的厚德仁慈，培养造就了孩子宽容豁达、胸怀天地的性格。高山虽然伟岸，但面对承载自己的大地，它便会认识到自己的卑微。

"地山谦"卦是一种对人生品德的觉悟，因此六爻全吉。

其次再来看"天地否"卦与"地天泰"卦。这两个卦角度是相反的。

185

---

① 杨天才，张善文译注. 周易[M]. 北京：中华书局，2011.

"天地否"卦是天（乾卦）在上，地（坤卦）在下，乾卦代表了天、阳性、父亲和君主等等，原文提到"《象》曰：'否之匪人，不利君子贞，大往小来。'则是天地不交而万物不通也；上下不交而天下无邦也；内阴而外阳；内柔而外刚；内小人而外君子，小人道长，君子道消也。"① 表示了阴阳的固化，不交互，不沟通。同时乾卦代表阳刚，坤卦代表阴柔，因此就显示为外强中干、外强内弱、外君子内小人的状态，表现为张扬显摆、骄傲自满。

我们从心理学的角度出发去观察，就可以看到社会上有一部分人就是这种放不下自我、自以为是，拒绝敞开心灵去真正交流沟通，同时又处于外强内虚的状态。

而"地天泰"卦是地（坤卦）在上，天（乾卦）在下，与"天地否"卦正好相反。"地天泰"卦原文说道："《象》曰：'泰：小往大来，吉，亨。'则是天地交而万物通也；上下交而其志同也；内阳而外阴，内健而外顺；内君子而外小人，君长道长；小人道消也。"② 表示了阴阳的交互和融合。乾卦的阳刚处于内收、含蓄的状态，而坤卦的阴柔处于外放的状态，这正体现了一种谦逊和蓄势待发的精神。古人讲厚积而薄发，就是这个道理。

谦卦、否卦和泰卦的描述充分体现了中国人追求内敛谦逊的民族性格和价值观，古人从天地造化中感悟到自然的美

---

① 杨天才，张善文译注. 周易[M]. 北京：中华书局，2011.
② 杨天才，张善文译注. 周易[M]. 北京：中华书局，2011.

德，并以此为训，来培养自己的品行。

　　"虚"的意思也非常广泛，它对应空、无。虚对应于阴，老子讲"万物负阴而抱阳"①，又讲"致虚极，守静笃"②。表示我们看到虚空是空无的，但万物又被包含在虚空中。我们知道牛顿研究的"第一推动力"，而宇宙的"第一推动力"至今依旧是个谜，而虚空却把地球、太阳、银河系乃至无数星系的众星都承载起来并包罗其中。所以万物面对虚空，无论有多大，都是需要谦卑的。无形的力量推动着有形的前进，精神的力量主导着物质的发展。这也是"地天泰"卦喻示的智慧。

---

　　① 冯映云.《中华文化经典读本》之十《老子》[M].广州：暨南大学出版社，2013.

　　② 冯映云.《中华文化经典读本》之十《老子》[M].广州：暨南大学出版社，2013.

结　语

《了凡四训》引导人向善，引导人怎样去知错、改错，通过积累福德来改变命运，整体上讲得非常好、非常到位，也非常深刻。所以后世各家各派都爱把《了凡四训》作为劝人向善的范本。

在改编《了凡四训》的过程中，我觉得过去很多解释太容易把想要修身养性的人局限在一个狭小的思维空间里，反倒容易失人失言，所以觉得有必要把视野打开。其中各家先哲的广大奥义，并不只局限在积德、行善、布施的概念上，更不只局限在放生、礼拜、诵经等形式上。

所以，一个人无论是修行还是思考问题，做任何工作，首先不能自卑，不能进行自我否定，因为你的思想、愿望会决定你最终的价值实现。

作为老师，一开始也不能把学生瞧扁了，不能去设定学生未来的状态如何，否则也会误人误己。

对所有有志气有志向的人，一开始树立美好的愿望是首要的，立好自己的愿望，坚定地走下去，不被任何因素干扰，你的人生道路也会如你所愿，从峥嵘、坎坷变为坦途！

我们可以把《了凡四训》看作是对命运论的否定，但这种否定，是以符合中华民族优良传统美德的善行来进行自身行为与思想的修正和改造为前提的，唯有如此才有可能真正地改变命运。所以，只要你从了凡先生的训示中得到启发，努力积德行善，积极面对生活，一定可以改变命运。

在现实的社会生活中，如果大家都能为社会、为集体、为他人贡献自己的爱，理解他人，宽容他人，摒弃自私自利与损人利己的行为。那么，命运一定可以改变，你的努力奋斗就是符合社会发展趋势的，个人与社会都将从你的努力中受益。